◎山东大学研究生核心课程教材

矩阵半张量积入门

冯俊娥 主编

山东大学出版社
SHANDONG UNIVERSITY PRESS
·济南·

图书在版编目(CIP)数据

矩阵半张量积入门 / 冯俊娥主编. -- 济南 ：山东大学出版社，2024. 7. -- ISBN 978-7-5607-8354-3

Ⅰ. O151.21

中国国家版本馆 CIP 数据核字第 2024A0Z072 号

责任编辑　宋亚卿

封面设计　王秋忆

矩阵半张量积入门

JUZHEN BANZHANGLIANGJI RUMEN

出版发行　山东大学出版社

社　　址　山东省济南市山大南路 20 号

邮政编码　250100

发行热线　(0531)88363008

经　　销　新华书店

印　　刷　山东和平商务有限公司

规　　格　720 毫米×1000 毫米　1/16

　　　　　9 印张　162 千字

版　　次　2024 年 7 月第 1 版

印　　次　2024 年 7 月第 1 次印刷

定　　价　26.00 元

序

在经典的《线性代数》教程中，两个矩阵只有满足维数匹配条件，即前一个因子矩阵的列数与后一个因子矩阵的行数相等时，才能相乘. 这使得矩阵方法仅对线性或双线性运算有效，而在处理高于二阶的多线性运算时，就显得力不从心了.

矩阵半张量积是矩阵普通乘法的推广，它将矩阵普通乘法推广到任意维数的两个矩阵. 这种推广使得矩阵乘法可以被有效地用于多线性运算. 此外，矩阵半张量积还保留了矩阵普通乘法的基本性质，如乘法结合律、乘法分配律等，使用起来十分便捷. 这些优点促使矩阵半张量积理论得到了快速发展和广泛传播.

矩阵半张量积是由我国学者提出的，经过二十多年的发展，已经被国内外学者广泛承认和参与研究. 目前，国内有近百所高校或科研院所的学者参与矩阵半张量积理论与应用的研究，国际上也有五十余个国家和地区的学者参与矩阵半张量积的研究.

聊城大学是国内最早开展矩阵半张量积研究的高校之一. 聊城大学数学科学学院前后两届院长赵建立与夏建伟为矩阵半张量积的发展付出了极大的努力. 因此，2018 年，在矩阵半张量积快速发展之际，聊城大学成立了"矩阵半张量积理论与应用研究中心"（以下简称"中心"）.

中心的一项重要工作是组织"矩阵半张量积研修班"（以下简称"研修班"）. 研修班以推广和普及矩阵半张量积的基础知识为主要目标，并邀请国内相关专家讲授矩阵半张量积的基础知识，邀请在矩阵半张量积研究前沿工作的专家学者作一些启发性的研究动态与进展报告.

在前两次研修班成功举办的基础上，中心学术委员会于 2023 年 5 月在天津举办的学术研讨会上讨论了第三届研修班的筹备工作,选定了第三届研修班的邀请专家并决定编写一本教材. 该教材由邀请专家编写相关内容,并推荐山东大学数学学院冯俊娥教授担任主编.

这本教材定名为《矩阵半张量积入门》,顾名思义,就是为对矩阵半张量积不熟悉而有兴趣的读者提供一个快速入门的读本. 该书内容包括矩阵半张量积的基本概念、性质及其一些代表性的应用,其中应用包括逻辑网络、有限博弈、有限自动机、代数结构、泛维系统等. 作为研修班的教材,该书将相关知识分为两部分: 基础知识和进阶导读. 基础知识为学时一周的授课内容,进阶导读为有兴趣者提供了进一步学习的参考导向(第 6 章不作为研修班基本授课内容). 练习题是为读者消化基本概念而设计的,一般难度都不大;思考题具有一定的难度,可为读者进一步理解相关知识和深入研究提供参考.

参加本教材编写的主要是第三届研修班的授课老师. 其中,第 1 章与第 5 章内容由本人提供,第 2 章内容由浙江师范大学数学科学学院钟杰教授提供,第 3 章内容由北京大学工学院李长喜博士后提供,第 4 章内容由天津工业大学人工智能学院张志鹏副教授提供,第 6 章内容由中国科学院数学与系统科学研究院系统科学研究所纪政平提供,附录 A 内容由中国科学院数学与系统科学研究院系统科学研究所齐洪胜研究员提供. 受中心委托,山东大学数学学院冯俊娥教授担任主编,负责对全书内容进行整理及审核.

虽然关于矩阵半张量积的书已有不少,但本书目标明确、特色突出,在选材和组织上独树一帜,可为初学者入门提供一条简捷的路径. 矩阵半张量积是由我国学者主导的一个新学科方向,它为计算机时代数学问题的离散化和数值求解提供了一个有效的工具. 二十多年的发展历史显示,无论在理论研究还是在实际应用上,矩阵半张量积均有巨大的发展空间. 希望有更多的年轻学者通过本书加入我们的团队,为矩阵半张量积在理论和应用方面的发展贡献自己的一份力量.

程代展
2023 年 10 月于聊城大学

本书常用数学符号

$\mathbb{N}$	自然数集
$\mathbb{Z}$	整数集
$\mathbb{Q}$	有理数集
$\mathbb{R}$	实数集
$\mathbb{C}$	复数集
$\mathbb{Z}_+$	正整数集
$\mathbb{Z}_n$	有限整数集合 $\{0,1,\cdots,n-1\}$
$\otimes$	矩阵的克罗内克积(Kronecker 积)
$\odot$	矩阵的哈达玛积(Hadamard 积)
$*$	矩阵的卡特里-拉奥积(Khatri-Rao 积)
$\ltimes$	矩阵左半张量积
$\rtimes$	矩阵右半张量积
$\vec{\ltimes}$	矩阵-向量半张量积
$\vec{\cdot}$	向量-向量半张量积
$\mathrm{sgn}(\cdot)$	符号函数
Υ_m	m 维概率向量集合
$\mathcal{M}_{m\times n}$	$m\times n$ 维矩阵集合
$\det(\boldsymbol{A})$	方阵 $\boldsymbol{A}$ 的行列式
$\mathrm{rank}(\boldsymbol{A})$	矩阵 $\boldsymbol{A}$ 的秩
$\mathrm{tr}(\boldsymbol{A})$	矩阵 $\boldsymbol{A}$ 的迹
$\boldsymbol{A}^{-1}$	可逆矩阵 $\boldsymbol{A}$ 的逆矩阵
$\mathrm{Col}_i(\boldsymbol{A})$	矩阵 $\boldsymbol{A}$ 的第 i 列

$\mathrm{Row}_i(\boldsymbol{A})$	矩阵 $\boldsymbol{A}$ 的第 i 行
$V_{\mathrm{c}}(\boldsymbol{A})$	矩阵 $\boldsymbol{A}$ 的列堆式
$V_{\mathrm{r}}(\boldsymbol{A})$	矩阵 $\boldsymbol{A}$ 的行堆式
$\mathrm{Diag}\{\boldsymbol{A}_1,\boldsymbol{A}_2,\cdots,\boldsymbol{A}_m\}$	由 $\boldsymbol{A}_i$ 组成的对角矩阵
$\boldsymbol{A}\succ\boldsymbol{0}$	矩阵 $\boldsymbol{A}$ 为正矩阵
$\boldsymbol{A}\succeq\boldsymbol{0}$	矩阵 $\boldsymbol{A}$ 为非负矩阵
$\boldsymbol{A}\geqslant(>)\boldsymbol{0}$	矩阵 $\boldsymbol{A}$ 半正定(正定)
$\boldsymbol{A}\leqslant(<)\boldsymbol{0}$	矩阵 $\boldsymbol{A}$ 半负定(负定)
$\boldsymbol{A}\succ\boldsymbol{B}$	$\boldsymbol{A}-\boldsymbol{B}\succ\boldsymbol{0}$
$\boldsymbol{A}\succeq\boldsymbol{B}$	$\boldsymbol{A}-\boldsymbol{B}\succeq\boldsymbol{0}$
$\boldsymbol{I}_k$	k 维单位矩阵
$\boldsymbol{\delta}_k^i$	k 维单位矩阵 $\boldsymbol{I}_k$ 的第 i 列
Δ_k	$\mathrm{Col}(\boldsymbol{I}_k)$
$\delta_k[i_1,i_2,\cdots,i_n]$	$k\times n$ 维逻辑矩阵$[\boldsymbol{\delta}_k^{i_1},\boldsymbol{\delta}_k^{i_2},\cdots,\boldsymbol{\delta}_k^{i_n}]$
$\mathcal{L}_{n\times m}$	$n\times m$ 维逻辑矩阵集合
$\boldsymbol{W}_{[m,n]}$	$m\times n$ 维换位矩阵
$\boldsymbol{W}_{[n]}$	$n\times n$ 维换位矩阵 $\boldsymbol{W}_{[n,n]}$
$\mathbf{1}_k$	$(\underbrace{1,\cdots,1}_{k})^{\mathrm{T}}$
$\mathbf{1}_{m\times n}\in\mathcal{M}_{m\times n}$	元素全为 1 的 $m\times n$ 维矩阵
$\mathrm{lcm}(m,n)$	m 与 n 的最小公倍数
$\mathrm{gcd}(m,n)$	m 与 n 的最大公因数
$\mathrm{span}\{\boldsymbol{X},\boldsymbol{Y}\}$	由向量 $\boldsymbol{X},\boldsymbol{Y}$ 张成的子空间
$\mathcal{D}$	集合$\{0,1\}$
$\mathcal{D}_k$	集合$\{1,2,\cdots,k\}$或$\left\{0,\frac{1}{k-1},\frac{2}{k-1},\cdots,1\right\}$
$\neg$	一元逻辑算子“非”(negation)
$\vee$	二元逻辑算子“析取”(disjunction)
$\wedge$	二元逻辑算子“合取”(conjunction)
$\rightarrow$	二元逻辑算子“蕴涵”(conditional)
$\leftrightarrow$	二元逻辑算子“等价”(bi-conditional)
$\bar{\vee}$	二元逻辑算子“异或”(exclusive or)

$+_n$	$\mathbb{Z}_n$上的模 n 加
$\times_n$	$\mathbb{Z}_n$上的模 n 乘
$+_{\mathcal{B}}$	布尔加
$\times_{\mathcal{B}}$	布尔乘
$GL(n,\mathbb{R})$	$n\times n$ 维实可逆矩阵
$GL(n,\mathbb{C})$	$n\times n$ 维复可逆矩阵
$[1,n]$	$\{1,2,\cdots,n\}$,其中 n 为正整数

目　录

第 1 章　矩阵半张量积概述

在数学上发明一个优越的符号，就意味着胜利的一半.

——拉普拉斯

1.1　基础知识

1.1.1　几种矩阵乘积的回顾

1.1.1.1　Kronecker 积

矩阵理论是被公认为起源于中国的一个数学分支，它的使用至少可追溯到汉朝，我国学者首先将系数排成方阵，再用消去法来解线性方程组. 现在，矩阵理论已经是每一位理工科大学生都熟悉的一个基本工具. 我们在为我国古代矩阵先驱们的开拓精神自豪的同时，也难免有一丝遗憾：中国学者在近代矩阵理论的发展和完善过程中贡献不多. 今天的矩阵半张量积理论或许会对这种遗憾稍作补偿.

由线性代数可知，两个矩阵 $\boldsymbol{A}\in\mathcal{M}_{m\times n}$ 与 $\boldsymbol{B}\in\mathcal{M}_{p\times q}$ 只有当维数匹配条件满足，即 $n=p$ 时才可以相乘，我们称这种乘积为经典矩阵乘积或普通积. 矩阵与向量相乘的情况也是如此. 到目前为止，矩阵半张量积已经走过二十余年的历程. 它所要解决的问题，用一句话来概括就是，让矩阵乘法可以推广到任意两个矩阵(向量). 为介绍矩阵半张量积，我们先介绍另一种矩阵乘积，称为矩阵张量积，也称 Kronecker 积[1]. 矩阵张量积可以用于任意两个矩阵，是除经典矩阵乘积外用得最多的一种矩阵乘法，定义如下：

定义 1.1.1 设 $A=(a_{ij})\in\mathcal{M}_{m\times n}$，$B=(b_{ij})\in\mathcal{M}_{p\times q}$，其 Kronecker 积的定义为

$$A\otimes B=\begin{bmatrix}a_{11}B & a_{12}B & \cdots & a_{1n}B\\ a_{21}B & a_{22}B & \cdots & a_{2n}B\\ \vdots & \vdots & & \vdots\\ a_{m1}B & a_{m2}B & \cdots & a_{mn}B\end{bmatrix}\in\mathcal{M}_{mp\times nq}. \tag{1.1.1}$$

例 1.1.1 (i) 设

$$A=\begin{bmatrix}0 & 1\\ -1 & 0\end{bmatrix},\quad B=[-1\ \ 1],$$

则

$$A\otimes B=\begin{bmatrix}0B & B\\ -B & 0B\end{bmatrix}=\begin{bmatrix}0 & 0 & -1 & 1\\ 1 & -1 & 0 & 0\end{bmatrix}.$$

(ii) 设

$$A=I_2,\quad B=\begin{bmatrix}b_{11} & b_{12}\\ b_{21} & b_{22}\end{bmatrix},$$

则

$$A\otimes B=\begin{bmatrix}B & 0B\\ 0B & B\end{bmatrix},\quad B\otimes A=\begin{bmatrix}b_{11} & 0 & b_{12} & 0\\ 0 & b_{11} & 0 & b_{12}\\ b_{21} & 0 & b_{22} & 0\\ 0 & b_{21} & 0 & b_{22}\end{bmatrix}.$$

(iii) 设 $X=(x_1,x_2,\cdots,x_n)^{\mathrm{T}}$，$Y=(\underbrace{1,\cdots,1}_{k})^{\mathrm{T}}$，则 $X\otimes Y=(x_1,\cdots,x_1,x_2,\cdots,x_2,\cdots,x_n,\cdots,x_n)$.

下面介绍 Kronecker 积的一些基本性质.

命题 1.1.1 (i)（结合律）

$$A\otimes(B\otimes C)=(A\otimes B)\otimes C. \tag{1.1.2}$$

(ii)（分配律）

$$\begin{cases}(\alpha A+\beta B)\otimes C=\alpha(A\otimes C)+\beta(B\otimes C),\\ A\otimes(\alpha B+\beta C)=\alpha(A\otimes B)+\beta(A\otimes C),\quad \alpha,\beta\in\mathbb{R}.\end{cases} \tag{1.1.3}$$

命题 1.1.2　(i)

$$(\boldsymbol{A}\otimes\boldsymbol{B})^{\mathrm{T}}=\boldsymbol{A}^{\mathrm{T}}\otimes\boldsymbol{B}^{\mathrm{T}}. \tag{1.1.4}$$

(ii) 设 $\boldsymbol{A}$ 与 $\boldsymbol{B}$ 均可逆，则其 Kronecker 积也可逆，并且

$$(\boldsymbol{A}\otimes\boldsymbol{B})^{-1}=\boldsymbol{A}^{-1}\otimes\boldsymbol{B}^{-1}. \tag{1.1.5}$$

(iii)

$$\mathrm{rank}(\boldsymbol{A}\otimes\boldsymbol{B})=\mathrm{rank}(\boldsymbol{A})\mathrm{rank}(\boldsymbol{B}). \tag{1.1.6}$$

(iv) 设 $\boldsymbol{A}\in\mathcal{M}_{m\times m}$，$\boldsymbol{B}\in\mathcal{M}_{n\times n}$，则

$$\det(\boldsymbol{A}\otimes\boldsymbol{B})=(\det(\boldsymbol{A}))^{n}(\det(\boldsymbol{B}))^{m}; \tag{1.1.7}$$

$$\mathrm{tr}(\boldsymbol{A}\otimes\boldsymbol{B})=\mathrm{tr}(\boldsymbol{A})\mathrm{tr}(\boldsymbol{B}). \tag{1.1.8}$$

下面的这个命题将 Kronecker 积与普通积联系了起来，它在后面的讨论中极其重要.

命题 1.1.3　设 $\boldsymbol{A}\in\mathcal{M}_{m\times n}$，$\boldsymbol{B}\in\mathcal{M}_{p\times q}$，$\boldsymbol{C}\in\mathcal{M}_{n\times r}$，以及 $\boldsymbol{D}\in\mathcal{M}_{q\times s}$，那么

$$(\boldsymbol{A}\otimes\boldsymbol{B})(\boldsymbol{C}\otimes\boldsymbol{D})=(\boldsymbol{AC})\otimes(\boldsymbol{BD}). \tag{1.1.9}$$

特别地，我们有

$$\boldsymbol{A}\otimes\boldsymbol{B}=(\boldsymbol{A}\otimes\boldsymbol{I}_p)(\boldsymbol{I}_n\otimes\boldsymbol{B}). \tag{1.1.10}$$

1.1.1.2　Hadamard 积

定义 1.1.2　设 $\boldsymbol{A}=(a_{ij})\in\mathcal{M}_{m\times n}$，$\boldsymbol{B}=(b_{ij})\in\mathcal{M}_{m\times n}$，则 $\boldsymbol{A}$ 与 $\boldsymbol{B}$ 的 Hadamard 积的定义为

$$\boldsymbol{A}\odot\boldsymbol{B}=(a_{ij}b_{ij})\in\mathcal{M}_{m\times n}. \tag{1.1.11}$$

例 1.1.2　设

$$\boldsymbol{A}=\begin{bmatrix}1 & 2 & 3\\ 6 & 7 & 8\end{bmatrix},\quad \boldsymbol{B}=\begin{bmatrix}-1 & 5 & 0\\ 4 & -3 & 1\end{bmatrix},$$

则

$$\boldsymbol{A}\odot\boldsymbol{B}=\begin{bmatrix}-1 & 10 & 0\\ 24 & -21 & 8\end{bmatrix}.$$

命题 1.1.4　设 $\boldsymbol{A}$，$\boldsymbol{B}$，$\boldsymbol{C}$ 为适维矩阵，$a,b\in\mathbb{R}$，则有

(i)（交换律）

$$\boldsymbol{A}\odot\boldsymbol{B}=\boldsymbol{B}\odot\boldsymbol{A}. \tag{1.1.12}$$

(ii)（结合律）

$$(\boldsymbol{A}\odot\boldsymbol{B})\odot\boldsymbol{C}=\boldsymbol{A}\odot(\boldsymbol{B}\odot\boldsymbol{C}). \tag{1.1.13}$$

(iii)(分配律)

$$(a\boldsymbol{A}+b\boldsymbol{B})\odot\boldsymbol{C}=a(\boldsymbol{A}\odot\boldsymbol{C})+b(\boldsymbol{B}\odot\boldsymbol{C}),\quad a,b\in\mathbb{R};\tag{1.1.14}$$

$$\boldsymbol{C}\odot(\alpha\boldsymbol{A}+\beta\boldsymbol{B})=\alpha(\boldsymbol{C}\odot\boldsymbol{A})+\beta(\boldsymbol{C}\odot\boldsymbol{B}),\quad \alpha,\beta\in\mathbb{R}.\tag{1.1.15}$$

(iv) 设 $\boldsymbol{A},\boldsymbol{B}\in\mathcal{M}_n$ 是对称矩阵，若 $\boldsymbol{A}\geqslant\boldsymbol{0},\boldsymbol{B}\geqslant\boldsymbol{0}$，则

$$\det(\boldsymbol{A}\odot\boldsymbol{B})\geqslant\det(\boldsymbol{A})\det(\boldsymbol{B}).\tag{1.1.16}$$

1.1.1.3 Khatri-Rao 积

定义 1.1.3 设 $n,m,p,q,m_i,n_j,p_i,q_j\ (i=1,2,\cdots,r;j=1,2,\cdots,s)$ 均为正整数，且满足

$$\sum_{i=1}^{r}m_i=m,\quad \sum_{j=1}^{s}n_j=n,\quad \sum_{i=1}^{r}p_i=p,\quad \sum_{j=1}^{s}q_j=q,$$

$\boldsymbol{A}=(\boldsymbol{A}_{ij})\in\mathcal{M}_{m\times n}$，$\boldsymbol{B}=(\boldsymbol{B}_{ij})\in\mathcal{M}_{p\times q}$ 为分块矩阵，其中 $\boldsymbol{A}_{ij}\in\mathcal{M}_{m_i\times n_j}$，$\boldsymbol{B}_{ij}\in\mathcal{M}_{p_i\times q_j}$，即

$$\boldsymbol{A}=\begin{bmatrix}\boldsymbol{A}_{11}&\boldsymbol{A}_{12}&\cdots&\boldsymbol{A}_{1s}\\\boldsymbol{A}_{21}&\boldsymbol{A}_{22}&\cdots&\boldsymbol{A}_{2s}\\\vdots&\vdots&&\vdots\\\boldsymbol{A}_{r1}&\boldsymbol{A}_{r2}&\cdots&\boldsymbol{A}_{rs}\end{bmatrix},\quad \boldsymbol{B}=\begin{bmatrix}\boldsymbol{B}_{11}&\boldsymbol{B}_{12}&\cdots&\boldsymbol{B}_{1s}\\\boldsymbol{B}_{21}&\boldsymbol{B}_{22}&\cdots&\boldsymbol{B}_{2s}\\\vdots&\vdots&&\vdots\\\boldsymbol{B}_{r1}&\boldsymbol{B}_{r2}&\cdots&\boldsymbol{B}_{rs}\end{bmatrix}.$$

定义矩阵 $\boldsymbol{A}$ 和 $\boldsymbol{B}$ 的 Khatri-Rao 积为

$$\boldsymbol{A}*\boldsymbol{B}=(\boldsymbol{A}_{ij}\otimes\boldsymbol{B}_{ij})\in\mathcal{M}_{u\times v},\tag{1.1.17}$$

其中 $u=\sum_{i=1}^{r}m_ip_i$，$v=\sum_{j=1}^{s}n_jq_j$.

例 1.1.3 设

$$\boldsymbol{A}=(\boldsymbol{A}_1,\boldsymbol{A}_2,\boldsymbol{A}_3)=\begin{bmatrix}1&\vdots&0&-1&\vdots&-1&-2\\2&\vdots&-1&1&\vdots&1&4\end{bmatrix},$$

$$\boldsymbol{B}=(\boldsymbol{B}_1,\boldsymbol{B}_2,\boldsymbol{B}_3)=\begin{bmatrix}3&4&-1&\vdots&0&\vdots&0\\0&1&2&\vdots&1&\vdots&0\\2&4&1&\vdots&0&\vdots&1\end{bmatrix},$$

则有

$$\boldsymbol{A}*\boldsymbol{B}=(\boldsymbol{A}_1\otimes\boldsymbol{B}_1,\boldsymbol{A}_2\otimes\boldsymbol{B}_2,\boldsymbol{A}_3\otimes\boldsymbol{B}_3)$$

$$
=\begin{bmatrix}
3 & 4 & -1 & 0 & 0 & 0 & 0 \\
0 & 1 & 2 & 0 & -1 & 0 & 0 \\
2 & 4 & 1 & 0 & 0 & -1 & -2 \\
6 & 8 & -2 & 0 & 0 & 0 & 0 \\
0 & 2 & 4 & -1 & 1 & 0 & 0 \\
4 & 8 & 2 & 0 & 0 & 1 & 4
\end{bmatrix}.
$$

显然，对于矩阵 $\boldsymbol{A}$ 和 $\boldsymbol{B}$ 不同的分块方法，所得 Khatri-Rao 积也不同.

命题 1.1.5 设 $\boldsymbol{A},\boldsymbol{B},\boldsymbol{C}$ 为适维矩阵，$a,b\in\mathbb{R}$，则有

(i)（结合律）设 $\boldsymbol{A}\in\mathcal{M}_{m\times r}$，$\boldsymbol{B}\in\mathcal{M}_{n\times r}$，$\boldsymbol{C}\in\mathcal{M}_{p\times r}$，则

$$(\boldsymbol{A}*\boldsymbol{B})*\boldsymbol{C}=\boldsymbol{A}*(\boldsymbol{B}*\boldsymbol{C}).$$

(ii)（分配律）设 $\boldsymbol{A},\boldsymbol{B}\in\mathcal{M}_{m\times r}$，$\boldsymbol{C}\in\mathcal{M}_{n\times r}$，$a,b\in\mathbb{R}$，则

$$\boldsymbol{A}*(a\boldsymbol{B}+b\boldsymbol{C})=a(\boldsymbol{A}*\boldsymbol{B})+b(\boldsymbol{A}*\boldsymbol{C}),$$

$$(a\boldsymbol{A}+b\boldsymbol{B})*\boldsymbol{C}=a(\boldsymbol{A}*\boldsymbol{C})+b(\boldsymbol{B}*\boldsymbol{C}).$$

一般情况下，我们只使用 $\boldsymbol{A}\in\mathcal{M}_{m\times r}$，$\boldsymbol{B}\in\mathcal{M}_{n\times r}$ 情况下的 Khatri-Rao 积. 这时默认为按列分块，于是有

$$\boldsymbol{A}*\boldsymbol{B}=[\mathrm{Col}_1(\boldsymbol{A})\otimes\mathrm{Col}_1(\boldsymbol{B}),\cdots,\mathrm{Col}_r(\boldsymbol{A})\otimes\mathrm{Col}_r(\boldsymbol{B})].$$

1.1.2 矩阵半张量积的定义与基本性质

不难发现，前面介绍的矩阵 Kronecker 积、Hadamard 积、Khatri-Rao 积以及矩阵的普通积都满足结合律与分配律. 根据不同的需要，我们可以定义各种不同的矩阵乘积. 但为了定义的合理性和应用的有效性，我们不妨把结合律与分配律看作对矩阵乘法的基本要求. 最基本的矩阵半张量积的定义如下：

定义 1.1.4 设 $\boldsymbol{A}$ 为 $m\times n$ 维矩阵，$\boldsymbol{B}$ 为 $p\times q$ 维矩阵，n 与 p 的最小公倍数为 $t=\mathrm{lcm}(n,p)$，则 $\boldsymbol{A}$ 与 $\boldsymbol{B}$ 的半张量积的定义为

$$\boldsymbol{A}\ltimes\boldsymbol{B}=(\boldsymbol{A}\otimes\boldsymbol{I}_{t/n})(\boldsymbol{B}\otimes\boldsymbol{I}_{t/p})\in\mathcal{M}_{\frac{mt}{n}\times\frac{qt}{p}}. \tag{1.1.18}$$

例 1.1.4 设 $\boldsymbol{A}=\begin{bmatrix}1 & 2 & 1\\ 2 & 3 & 1\\ 3 & 2 & 1\end{bmatrix}$，$\boldsymbol{B}=\begin{bmatrix}1 & -2\\ 2 & -1\end{bmatrix}$，则

$$\boldsymbol{A}\ltimes\boldsymbol{B}=(\boldsymbol{A}\otimes\boldsymbol{I}_2)(\boldsymbol{B}\otimes\boldsymbol{I}_3)$$

$$
=\begin{bmatrix}1&0&2&0&1&0\\0&1&0&2&0&1\\2&0&3&0&1&0\\0&2&0&3&0&1\\3&0&2&0&1&0\\0&3&0&2&0&1\end{bmatrix}\begin{bmatrix}1&0&0&-2&0&0\\0&1&0&0&-2&0\\0&0&1&0&0&-2\\2&0&0&-1&0&0\\0&2&0&0&-1&0\\0&0&2&0&0&-1\end{bmatrix}
$$

$$
=\begin{bmatrix}1&2&2&-2&-1&-4\\4&1&2&-2&-2&-1\\2&2&3&-4&-1&-6\\6&2&2&-3&-4&-1\\3&2&2&-6&-1&-4\\4&3&2&-2&-6&-1\end{bmatrix}.
$$

如前所述,矩阵半张量积必须是普通积的推广,即当普通积所要求的维数匹配条件满足时,它必须与普通积一致. 下面这个命题是显然的.

命题 1.1.6 当 $n=p$ 时,有

$$
\boldsymbol{A}\ltimes\boldsymbol{B}=\boldsymbol{A}\boldsymbol{B}. \tag{1.1.19}
$$

前面曾经提到,结合律与分配律可以看作对矩阵乘法的基本要求. 那么,上述定义的矩阵半张量积是否满足这两点要求呢? 答案是肯定的.

命题 1.1.7 矩阵半张量积满足以下定律:

(i)(结合律)

$$
\boldsymbol{A}\ltimes(\boldsymbol{B}\ltimes\boldsymbol{C})=(\boldsymbol{A}\ltimes\boldsymbol{B})\ltimes\boldsymbol{C}. \tag{1.1.20}
$$

(ii)(分配律)

$$
\begin{cases}\boldsymbol{A}\ltimes(\boldsymbol{B}+\boldsymbol{C})=\boldsymbol{A}\ltimes\boldsymbol{B}+\boldsymbol{A}\ltimes\boldsymbol{C},\\(\boldsymbol{B}+\boldsymbol{C})\ltimes\boldsymbol{A}=\boldsymbol{B}\ltimes\boldsymbol{A}+\boldsymbol{C}\ltimes\boldsymbol{A}.\end{cases} \tag{1.1.21}
$$

(证明见参考文献[2].)

命题 1.1.8 (i)

$$
(\boldsymbol{A}\ltimes\boldsymbol{B})^{\mathrm{T}}=\boldsymbol{B}^{\mathrm{T}}\ltimes\boldsymbol{A}^{\mathrm{T}}. \tag{1.1.22}
$$

(ii) 设 $\boldsymbol{A}$ 与 $\boldsymbol{B}$ 均可逆, 则

$$
(\boldsymbol{A}\ltimes\boldsymbol{B})^{-1}=\boldsymbol{B}^{-1}\ltimes\boldsymbol{A}^{-1}. \tag{1.1.23}
$$

命题 1.1.9 设 $\boldsymbol{A}$ 与 $\boldsymbol{B}$ 均为方阵, 则

(i) $\boldsymbol{A}\ltimes\boldsymbol{B}$ 与 $\boldsymbol{B}\ltimes\boldsymbol{A}$ 有相同的特征函数.

(ii)

$$\mathrm{tr}(\boldsymbol{A}\ltimes\boldsymbol{B})=\mathrm{tr}(\boldsymbol{B}\ltimes\boldsymbol{A}). \tag{1.1.24}$$

(iii) 如果 $\boldsymbol{A}$ 或 $\boldsymbol{B}$ 可逆,则 $\boldsymbol{A}\ltimes\boldsymbol{B}\sim\boldsymbol{B}\ltimes\boldsymbol{A}$,"$\sim$"表示矩阵相似.

(iv) 如果 $\boldsymbol{A}$ 与 $\boldsymbol{B}$ 均为上三角矩阵(下三角矩阵、对角矩阵或正交矩阵),那么,$\boldsymbol{A}\ltimes\boldsymbol{B}$ 也是上三角矩阵(下三角矩阵、对角矩阵或正交矩阵).

(v) 如果 $\boldsymbol{A}\in\mathcal{M}_{m\times m}$,$\boldsymbol{B}\in\mathcal{M}_{n\times n}$,且 $t=\mathrm{lcm}(m,n)$,那么

$$\det(\boldsymbol{A}\ltimes\boldsymbol{B})=[\det(\boldsymbol{A})]^{t/m}[\det(\boldsymbol{B})]^{t/n}. \tag{1.1.25}$$

向量的半张量积与张量积可以互相转化. 这个性质显示了半张量积具有张量积的某种内涵.

命题 1.1.10 (i) 设 $\boldsymbol{X}\in\mathbb{R}^m$,$\boldsymbol{Y}\in\mathbb{R}^n$ 为两个列向量,则

$$\boldsymbol{X}\ltimes\boldsymbol{Y}=\boldsymbol{X}\otimes\boldsymbol{Y}. \tag{1.1.26}$$

(ii) 设 $\boldsymbol{\xi}\in\mathbb{R}^m$,$\boldsymbol{\eta}\in\mathbb{R}^n$ 为两个行向量,则

$$\boldsymbol{\xi}\ltimes\boldsymbol{\eta}=\boldsymbol{\eta}\otimes\boldsymbol{\xi}. \tag{1.1.27}$$

经典矩阵乘法可以分块乘,那么,矩阵半张量积是否也具有分块乘的性质呢? 为此,我们首先引入一个记号:设 $\boldsymbol{A}\in\mathcal{M}_{m\times n}$,$\boldsymbol{B}\in\mathcal{M}_{p\times q}$,定义 $\boldsymbol{A}$ 与 $\boldsymbol{B}$ 的比例为

$$\boldsymbol{A}:\boldsymbol{B}\triangleq n:p.$$

不难看出,$\boldsymbol{A}$ 与 $\boldsymbol{B}$ 的半张量积的定义只与 $n:p$ 有关,而与 m,q 无关.

定义 1.1.5 给定比例为 $\boldsymbol{A}:\boldsymbol{B}=n:p$ 的两个分块矩阵

$$\boldsymbol{A}=\begin{bmatrix}\boldsymbol{A}^{11} & \boldsymbol{A}^{12} & \cdots & \boldsymbol{A}^{1\ell}\\ \boldsymbol{A}^{21} & \boldsymbol{A}^{22} & \cdots & \boldsymbol{A}^{2\ell}\\ \vdots & \vdots & & \vdots\\ \boldsymbol{A}^{s1} & \boldsymbol{A}^{s2} & \cdots & \boldsymbol{A}^{s\ell}\end{bmatrix},\quad \boldsymbol{B}=\begin{bmatrix}\boldsymbol{B}^{11} & \boldsymbol{B}^{12} & \cdots & \boldsymbol{B}^{1t}\\ \boldsymbol{B}^{21} & \boldsymbol{B}^{22} & \cdots & \boldsymbol{B}^{2t}\\ \vdots & \vdots & & \vdots\\ \boldsymbol{B}^{\ell 1} & \boldsymbol{B}^{\ell 2} & \cdots & \boldsymbol{B}^{\ell t}\end{bmatrix} \tag{1.1.28}$$

如果

$$\boldsymbol{A}^{i\alpha}:\boldsymbol{B}^{\alpha j}=n:p,\quad i=1,2,\cdots,s;j=1,2,\cdots,t,$$

则称式(1.1.28)为矩阵 $\boldsymbol{A}$ 与 $\boldsymbol{B}$ 的一个恰当分割(proper division).

由定义 1.1.5,我们可得如下分块乘法定理:

定理 1.1.1 设 $\boldsymbol{A}:\boldsymbol{B}=n:p$,分块矩阵(1.1.28)为一个恰当分割,则

$$\boldsymbol{A}\ltimes\boldsymbol{B}=(\boldsymbol{C}^{ij}), \tag{1.1.29}$$

其中

$$\boldsymbol{C}^{ij}=\sum_{k=1}^{\ell}\boldsymbol{A}^{ik}\ltimes\boldsymbol{B}^{kj}.$$

平均分割是一种最常用的分块方法:这里的“平均”是指将前面矩阵的列均分为 ℓ 份,将后面矩阵的行也均分为 ℓ 份,至于前面矩阵的行及后面矩阵的列怎么分,则无关紧要. 平均分割显然是一种恰当分割.

推论 1.1.1 设在分块矩阵(1.1.28)中,$\boldsymbol{A}$ 为列均分,即 $\boldsymbol{A}^{ij}$ $(j=1,2,\cdots,\ell)$ 的列数相等,$\boldsymbol{B}$ 为行均分,即 $\boldsymbol{B}^{ij}$ $(i=1,2,\cdots,\ell)$ 的行数相等,则该分割为一个恰当分割. 因此,分块乘法定理成立.

矩阵半张量积可以依经典矩阵乘法进行:

推论 1.1.2 设 $\boldsymbol{A}\in\mathcal{M}_{m\times n}$,$\boldsymbol{B}\in\mathcal{M}_{p\times q}$,则

$$\boldsymbol{A}\ltimes\boldsymbol{B}:=(\boldsymbol{C}^{ij}\mid i=1,2,\cdots,m;j=1,2,\cdots,q), \tag{1.1.30}$$

其中

$$\boldsymbol{C}^{ij}=\mathrm{Row}_i(\boldsymbol{A})\ltimes\mathrm{Col}_j(\boldsymbol{B}).$$

下面通过一个简单例子说明从经典矩阵乘积到矩阵半张量积这种推广的优越性.

例 1.1.5 设 $\boldsymbol{X},\boldsymbol{Y},\boldsymbol{Z},\boldsymbol{W}\in\mathbb{R}^n$ 为四个列向量,计算

$$\boldsymbol{X}\boldsymbol{Y}^{\mathrm{T}}\boldsymbol{Z}\boldsymbol{W}^{\mathrm{T}}. \tag{1.1.31}$$

因为 $\boldsymbol{Y}^{\mathrm{T}}\boldsymbol{Z}$ 是一个数, 则有

$$(\boldsymbol{X}\boldsymbol{Y}^{\mathrm{T}})(\boldsymbol{Z}\boldsymbol{W}^{\mathrm{T}})=\boldsymbol{X}(\boldsymbol{Y}^{\mathrm{T}}\boldsymbol{Z})\boldsymbol{W}^{\mathrm{T}}=(\boldsymbol{Y}^{\mathrm{T}}\boldsymbol{Z})(\boldsymbol{X}\boldsymbol{W}^{\mathrm{T}})\in\mathcal{M}_{n\times n}. \tag{1.1.32}$$

对式(1.1.32)继续使用结合律, 可得

$$(\boldsymbol{Y}^{\mathrm{T}}\boldsymbol{Z})(\boldsymbol{X}\boldsymbol{W}^{\mathrm{T}})=\boldsymbol{Y}^{\mathrm{T}}(\boldsymbol{Z}\boldsymbol{X})\boldsymbol{W}^{\mathrm{T}}. \tag{1.1.33}$$

现在问题就来了,式(1.1.33)右端的乘法怎么乘呢? 这在普通矩阵乘法中是没有定义的. 换句话说, 我们通过“合法”的矩阵运算得到了“非法”的结果. 这或许可以看作普通矩阵乘法的一个“缺陷”.

然而,当我们把普通矩阵乘法拓宽为矩阵半张量积时,这个缺陷立即被弥补了. 可以按矩阵半张量积计算式(1.1.33),并且得到的结果与(1.1.31)完全一致. 将此作为练习, 留给读者自己完成.

因此,上面的例子可以视为对矩阵半张量积合理性的一个支持.

1.1.3 矩阵半张量积的准交换性

因为矩阵半张量积是普通矩阵乘积的推广,为方便表示,我们可以略去矩阵半张量积的运算符号,即记 $\boldsymbol{A}\boldsymbol{B}=\boldsymbol{A}\ltimes\boldsymbol{B}$. 从本节开始,我们假定矩阵乘法均为矩阵半张量积,除非另有说明.

如果将普通矩阵的乘法与数的乘法相比较,矩阵乘法有两个明显的弱点:一是维数的限制;二是因子顺序具有不可交换性,即 $AB \neq BA$. 矩阵半张量积则彻底取消了维数限制;同时,它在可交换性方面也有所改进. 当然,作为经典矩阵乘法的推广,它不可能有一般意义下的交换性,否则立得矛盾. 但由于矩阵半张量积容许进行维数的扩充,因此它可以在一些附加运算下对因子顺序进行交换. 我们将这种交换称为准交换性或伪交换性(pseudo commutativity).

下面首先介绍向量与矩阵乘积的"交换"性质.

命题 1.1.11　(i) 设 X 为 t 维向量,A 为任一矩阵,则

$$XA = (I_t \otimes A)X. \tag{1.1.34}$$

(ii) 设 ω 为 t 维向量,A 为任一矩阵,则

$$A\omega = \omega(I_t \otimes A). \tag{1.1.35}$$

为了进一步实现因子顺序的交换,我们需要借助下面的换位矩阵.

定义 1.1.6　定义 $m \times n$ 维换位矩阵如下:

$$W_{[m,n]} := [I_n \otimes \delta_m^1, I_n \otimes \delta_m^2, \cdots, I_n \otimes \delta_m^m]. \tag{1.1.36}$$

直接计算即可检验换位矩阵有如下性质:

命题 1.1.12　(i)

$$W_{[m,n]}^{\mathrm{T}} := W_{[n,m]}. \tag{1.1.37}$$

(ii)

$$W_{[m,n]}^{-1} := W_{[m,n]}^{\mathrm{T}}. \tag{1.1.38}$$

换位矩阵的作用是交换两个向量因子的顺序.

命题 1.1.13　(i) 设 $X \in \mathbb{R}^m$,$Y \in \mathbb{R}^n$ 为两个列向量,则

$$W_{[m,n]} X \ltimes Y = Y \ltimes X. \tag{1.1.39}$$

(ii) 设 $\xi \in \mathbb{R}^m$,$\eta \in \mathbb{R}^n$ 为两个行向量,则

$$\xi \ltimes \eta W_{[m,n]} = \eta \ltimes \xi. \tag{1.1.40}$$

换位矩阵还有一些等价的表示形式,在不同问题中使用不同的表示形式会带来许多便利.

命题 1.1.14　换位矩阵 $W_{[m,n]}$ 有如下两种等价表达式:

(i)

$$W_{[m,n]} = [\delta_n^1 \ltimes \delta_m^1, \cdots, \delta_n^n \ltimes \delta_m^1, \cdots, \delta_n^1 \ltimes \delta_m^m, \cdots, \delta_n^n \ltimes \delta_m^m]. \tag{1.1.41}$$

(ii)

$$W_{[m,n]}=\begin{bmatrix} I_m\otimes\delta_n^{1\,\mathrm{T}}\\ I_m\otimes\delta_n^{2\,\mathrm{T}}\\ \vdots\\ I_m\otimes\delta_n^{n\,\mathrm{T}}\end{bmatrix}. \tag{1.1.42}$$

1.2 进阶导读

(1) 在定义式(1.1.18)中,如果将单位矩阵换到左边,可得

$$A\rtimes B=(I_{t/n}\otimes A)(I_{t/p}\otimes B). \tag{1.2.1}$$

为区别这两种矩阵半张量积,将式(1.1.18)定义的矩阵半张量积称为矩阵左半张量积,将式(1.2.1)定义的矩阵半张量积称为矩阵右半张量积.

(i) 矩阵右半张量积也是矩阵普通乘积的推广.

(ii) 矩阵右半张量积也满足矩阵乘积的一般要求,即满足结合律与分配律.

其实,还可以构造许多其他类型的矩阵左半张量积,且根据每一种矩阵左半张量积都可以构造相应的右半张量积[2].

(2) 在定义式(1.1.18)中,我们用单位矩阵$\{I_k\mid k=1,2,\cdots\}$放大矩阵维数.这里$\{I_k\mid k=1,2,\cdots\}$称为矩阵乘子. 对于任意一族方阵

$$\{\Gamma_k\in\mathcal{M}_{k\times k}\mid k=1,2,\cdots\},$$

如果用它定义出来的矩阵半张量积满足如下两个条件:

(i) 它是矩阵普通积的推广;

(ii) 它满足结合律与分配律,

那么,都可以称为有效的矩阵乘子.

(3) 除$\{I_k\mid k=1,2,\cdots\}$外,另一族有效的矩阵乘子是

$$\Gamma_k:=\frac{1}{k}\mathbf{1}_{k\times k},\quad k=1,2,\cdots,$$

它所定义的矩阵半张量积称为第二类矩阵-矩阵半张量积(见参考文献[3]).

(4) 矩阵与向量的乘积体现了矩阵作为线性映射的功能. 具体地说,在经典矩阵乘法中,令$A\in\mathcal{M}_{m\times n}$,$x\in\mathbb{R}^n$,则$Ax\in\mathbb{R}^m$. 因此,$A$是$\mathbb{R}^n\to\mathbb{R}^m$的一个线

性映射. 但由式(1.1.18)定义的矩阵半张量积却失去了这个功能. 因为一般情况下,$\boldsymbol{A} \ltimes \boldsymbol{x}$ 不再是一个向量. 因此,$\ltimes$只能表示矩阵-矩阵半张量积. 要体现线性映射的功能,我们就需要定义另一种矩阵半张量积,称为矩阵-向量半张量积.

(5) 一类矩阵-向量半张量积可定义如下:设 $\boldsymbol{A} \in \mathcal{M}_{m\times n}$, $\boldsymbol{x} \in \mathbb{R}^p$, $\mathrm{lcm}(n,p)=t$,则 $\boldsymbol{A}$ 与 $\boldsymbol{x}$ 的矩阵-向量半张量积为

$$\boldsymbol{A} \vec{\ltimes} \boldsymbol{x} := (\boldsymbol{A} \otimes \boldsymbol{I}_{t/n})(\boldsymbol{x} \otimes \boldsymbol{1}_{t/p}).$$

(6) 用矩阵-向量半张量积可定义跨维数的动态系统,如

$$\boldsymbol{x}(t+1) = \boldsymbol{A} \vec{\ltimes} \boldsymbol{x}(t),$$

或

$$\dot{\boldsymbol{x}}(t) = \boldsymbol{A} \vec{\ltimes} \boldsymbol{x}(t).$$

这类动态系统的性质见参考文献[4]或[5].

(7) 除矩阵-矩阵半张量积、矩阵-向量半张量积之外,还需要定义向量-向量半张量积. 设 $\boldsymbol{x} \in \mathbb{R}^m$, $\boldsymbol{y} \in \mathbb{R}^n$, $t=\mathrm{lcm}(m,n)$,则 $\boldsymbol{x}$ 与 $\boldsymbol{y}$ 的半张量积可定义如下:

$$\boldsymbol{x} \,\vec{\cdot}\, \boldsymbol{y} := \langle (\boldsymbol{x} \ltimes \boldsymbol{1}_{t/m}), (\boldsymbol{y} \ltimes \boldsymbol{1}_{t/n}) \rangle,$$

其中,$\langle \cdot, \cdot \rangle$是欧氏空间 $\mathbb{R}^t$ 上的普通内积.

(8) 上述向量-向量半张量积可用来定义泛维欧几里得(Euclidean)空间

$$\mathbb{R}^{\infty} := \bigcup_{n=1}^{\infty} \mathbb{R}^n$$

上的内积,从而导出范数与相应的距离,使 $\mathbb{R}^{\infty}$ 成为一个道路连通的拓扑空间,进而可构造微分流形结构(见参考文献[4]或[6]).

(9) 从高维数组的角度看,矩阵半张量积是高阶数组(或称超矩阵)乘法的矩阵实现[7].

1.3　习题与思考题

1.3.1　习　题

(1) 设

$$\boldsymbol{A} = \begin{bmatrix} 1 & -1 \\ 2 & 1 \end{bmatrix}, \quad \boldsymbol{B} = \begin{bmatrix} 0 & -1 \\ 1 & 2 \end{bmatrix}.$$

(i) 计算 $\boldsymbol{A} \otimes \boldsymbol{B}$, $\boldsymbol{B} \otimes \boldsymbol{A}$.

(ii) 计算$(\boldsymbol{A}\otimes\boldsymbol{I}_2)(\boldsymbol{I}_2\otimes\boldsymbol{B})$,并将它与$\boldsymbol{A}\otimes\boldsymbol{B}$比较.

(iii) 计算$(\boldsymbol{B}\otimes\boldsymbol{I}_2)(\boldsymbol{I}_2\otimes\boldsymbol{A})$,并将它与$\boldsymbol{B}\otimes\boldsymbol{A}$比较.

(iv) 比较$\boldsymbol{A}\otimes\boldsymbol{B}$的特征值与$\boldsymbol{B}\otimes\boldsymbol{A}$的特征值的大小.

(2) 证明:

(i) $\mathbf{1}_m\ltimes\mathbf{1}_n=\mathbf{1}_n\ltimes\mathbf{1}_m$.

(ii) $\mathbf{1}_{m\times n}\otimes\mathbf{1}_k=\mathbf{1}_k\otimes\mathbf{1}_{m\times n}$.

(3) 设$\boldsymbol{X}_i\in\mathbb{R}^{n_i}(i=1,2,3)$,找出一个矩阵$\boldsymbol{E}$,使得

$$\boldsymbol{E}\boldsymbol{X}_1\boldsymbol{X}_2\boldsymbol{X}_3=\boldsymbol{X}_3\boldsymbol{X}_2\boldsymbol{X}_1.$$

(提示:先说明$\boldsymbol{I}_{n_1}\otimes\boldsymbol{W}_{[n_2,n_3]}\boldsymbol{X}_1\boldsymbol{X}_2\boldsymbol{X}_3=\boldsymbol{X}_1\boldsymbol{X}_3\boldsymbol{X}_2$.)

(4) 按矩阵半张量积计算式(1.1.33),并将得到的结果与(1.1.31)比较,看是否一致.

(5) 设$\boldsymbol{x}\in\mathbb{R}^m,\boldsymbol{y}\in\mathbb{R}^n$,考虑$\boldsymbol{x}\ltimes\boldsymbol{y}$,希望将因子$\boldsymbol{y}$换到前面去,可采用以下两种方法:

(i) 用换位矩阵:

$$\boldsymbol{x}\ltimes\boldsymbol{y}=\boldsymbol{W}_{[n,m]}\boldsymbol{y}\ltimes\boldsymbol{x}.$$

(ii) 用式(1.1.34):

$$\boldsymbol{x}\ltimes\boldsymbol{y}=(\boldsymbol{I}_m\otimes\boldsymbol{y})\boldsymbol{x}.$$

证明:这两种方法等价.

(6) 设$\boldsymbol{x}\in\mathbb{R}^m,\boldsymbol{y}\in\mathbb{R}^n$,则$\boldsymbol{x}\boldsymbol{y}\in\mathbb{R}^{mn}$.

(i) 证明:

$$\boldsymbol{H}^{m\times n}:=\{\boldsymbol{x}\boldsymbol{y}\mid\boldsymbol{x}\in\mathbb{R}^m,\boldsymbol{y}\in\mathrm{R}^n\}\neq\mathbb{R}^{mn}.$$

(ii) 如果$\boldsymbol{x}\boldsymbol{y}=\boldsymbol{u}\boldsymbol{v}\neq\mathbf{0}$,那么$\boldsymbol{x}=\boldsymbol{u},\boldsymbol{y}=\boldsymbol{v}$成立吗?如果不成立,那么,$\{\boldsymbol{x},\boldsymbol{y}\}$与$\{\boldsymbol{u},\boldsymbol{v}\}$有什么关系?

(7) 设$\boldsymbol{z}=\boldsymbol{x}\ltimes\boldsymbol{y},\boldsymbol{x},\boldsymbol{y}\in\mathbb{R}^n$.

(i) 能否由$\boldsymbol{z}$唯一确定$\{\boldsymbol{x},\boldsymbol{y}\}$?

(ii) 能否由$\boldsymbol{z}$唯一确定子空间$V=\mathrm{span}\{\boldsymbol{x},\boldsymbol{y}\}$?

(8) 如果用向量$(a,b)^{\mathrm{T}}$表示复数$a+b\mathrm{i}$,寻找矩阵$\boldsymbol{M}$(称为复数乘法的结构矩阵),使得$(a+b\mathrm{i})$与$(c+d\mathrm{i})$的乘积$x+y\mathrm{i}=(a+b\mathrm{i})(c+d\mathrm{i})$的向量表示为

$$\begin{bmatrix}x\\y\end{bmatrix}=\boldsymbol{M}\ltimes\begin{bmatrix}a\\b\end{bmatrix}\ltimes\begin{bmatrix}c\\d\end{bmatrix}.$$

(9) 如果用向量$(a,b,c)^{\mathrm{T}}$表示$a\boldsymbol{i}+b\boldsymbol{j}+c\boldsymbol{k}\in\mathbb{R}^3$,寻找结构矩阵$\boldsymbol{M}$,使得

叉积$(a\boldsymbol{i}+b\boldsymbol{j}+c\boldsymbol{k})\vec{\times}(d\boldsymbol{i}+e\boldsymbol{j}+f\boldsymbol{k})$的向量表示为

$$\begin{bmatrix} x \\ y \\ z \end{bmatrix}=\boldsymbol{M}\ltimes\begin{bmatrix} a \\ b \\ c \end{bmatrix}\ltimes\begin{bmatrix} d \\ e \\ f \end{bmatrix}.$$

(10) (i)考虑 2×2 维实矩阵

$$\boldsymbol{A}=\begin{bmatrix} a & b \\ c & d \end{bmatrix},$$

用向量可表示为

$$V_{\mathrm{r}}(\boldsymbol{A})=[a,b,c,d]^{\mathrm{T}},$$

找出 $\boldsymbol{M}\in\mathcal{M}_{4\times 16}$，使得

$$V_{\mathrm{r}}(\boldsymbol{AB})=\boldsymbol{M}\ltimes V_{\mathrm{r}}(\boldsymbol{A})\ltimes V_{\mathrm{r}}(\boldsymbol{B}).$$

(ii) 考虑 2×2 维复矩阵

$$\boldsymbol{A}=\begin{bmatrix} a+b\mathrm{i} & c+d\mathrm{i} \\ e+f\mathrm{i} & g+h\mathrm{i} \end{bmatrix},$$

用向量可表示为

$$V_{\mathrm{r}}(\boldsymbol{A})=[a,b,c,d,e,f,g,h]^{\mathrm{T}},$$

找出 $\boldsymbol{M}\in\mathcal{M}_{8\times 64}$，使得

$$V_{\mathrm{r}}(\boldsymbol{AB})=\boldsymbol{M}\ltimes V_{\mathrm{r}}(\boldsymbol{A})\ltimes V_{\mathrm{r}}(\boldsymbol{B}).$$

1.3.2　思考题

(1) 设 $\boldsymbol{A}\in\mathcal{M}_{m\times n}$，$\boldsymbol{B}\in\mathcal{M}_{p\times q}$.

(i) 设 $n=kp$，给出 $\boldsymbol{A}\ltimes\boldsymbol{B}$ 的定义式.

(ii) 设 $p=kn$，给出 $\boldsymbol{A}\ltimes\boldsymbol{B}$ 的定义式.

(iii) 将(i)[或(ii)]中的表达式与式(1.1.10)相比，解释“矩阵半张量积”这一名称的来源.

(2) 设 $\boldsymbol{A}=(a_{ij})\in\mathcal{M}_{m\times n}$，$\boldsymbol{B}=(a_{ij})\in\mathcal{M}_{p\times q}$，且 $s=\gcd(n,p)$为 n,p 的最大公因数. 将 $\boldsymbol{A}$ 的每一行均分成 s 份，记作

$$\boldsymbol{A}=\begin{bmatrix} \boldsymbol{A}_1^1 & \boldsymbol{A}_1^2 & \cdots & \boldsymbol{A}_1^s \\ \boldsymbol{A}_2^1 & \boldsymbol{A}_2^2 & \cdots & \boldsymbol{A}_2^s \\ \vdots & \vdots & & \vdots \\ \boldsymbol{A}_m^1 & \boldsymbol{A}_m^2 & \cdots & \boldsymbol{A}_m^s \end{bmatrix}.$$

将 $\boldsymbol{B}$ 的每一列均分成 s 份，记作

$$\boldsymbol{B}=\begin{bmatrix}\boldsymbol{B}_1^1 & \boldsymbol{B}_1^2 & \cdots & \boldsymbol{B}_1^q \\ \boldsymbol{B}_2^1 & \boldsymbol{B}_2^2 & \cdots & \boldsymbol{B}_2^q \\ \vdots & \vdots & & \vdots \\ \boldsymbol{B}_s^1 & \boldsymbol{B}_s^2 & \cdots & \boldsymbol{B}_s^q\end{bmatrix}.$$

然后,定义 $\boldsymbol{A}$ 与 $\boldsymbol{B}$ 的乘积为

$$\boldsymbol{C}=(\boldsymbol{C}^{ij}):=\boldsymbol{A}\odot\boldsymbol{B}, \tag{1.3.1}$$

其中

$$\boldsymbol{C}^{ij}=\sum_{k=1}^{s}\boldsymbol{A}_i^k\otimes\boldsymbol{B}_k^j,\quad i\in[1,m],\quad j\in[1,q].$$

(i) 设

$$\boldsymbol{A}=\begin{bmatrix}1 & 0 & 2 & 1\\ -2 & 1 & -1 & 3\\ 2 & 1 & -1 & 0\end{bmatrix},\quad \boldsymbol{B}=\begin{bmatrix}1 & 2 & 1\\ 1 & -1 & 1\end{bmatrix}.$$

计算 $\boldsymbol{C}=\boldsymbol{A}\odot\boldsymbol{B}$.

(ii) 证明:当 $n=p$ 时,

$$\boldsymbol{A}\odot\boldsymbol{B}=\boldsymbol{A}\boldsymbol{B}.$$

(iii) 式(1.3.1)定义的乘法满足分配律吗?

(iv) 式(1.3.1)定义的乘法满足结合律吗?

(3) 试定义一个新的矩阵半张量积,它是矩阵普通积的推广,且满足结合律与分配律.

第 2 章　逻辑动态系统

纯粹数学就是所有形如“P 蕴涵 Q”的命题的集合，这里 P 和 Q 是含有相同的一个或多个变量的命题，而且除逻辑常项以外不含其他常项.

——罗素

2.1　基础知识

一个力学系统，大至星球运行，小至质点运动，都可以用一个微分方程(或差分方程)来描述. 但是，还有另一类过程，如刑侦过程中的推断、经济或军事行为中的决策过程、博弈等，是逻辑演化过程，要考虑的是逻辑变量及其运算. 本章首先简单介绍逻辑变量及其运算，然后引入逻辑动态系统，重点在于介绍逻辑及逻辑动态系统的半张量积表示法.

2.1.1　命题逻辑

定义 2.1.1　(i) 一个陈述，如果判断其为“真”或“假”有意义，就把它叫作一个命题. “真”通常记作“1”，“假”通常记作“0”，可以表示为

$$\mathcal{D}:=\{1,0\}.$$

(ii) 一个变量 x，如果它只能取“0”或“1”，即 $x\in\mathcal{D}$，则称其为一个逻辑变量.

(iii) 设 $x_i\in\mathcal{D}$，$i=1,2,\cdots,n$. 一个映射 $f:\mathcal{D}^n\to\mathcal{D}$ 称为一个 n 元布尔函数，可以表示为

$$y=f(x_1,x_2,\cdots,x_n).$$

当 $n\leqslant 2$ 时，也称 f 为逻辑算子.

(iv) 设 $x_i\in\mathcal{D}_{k_i}=\left\{0,\frac{1}{k_i-1},\frac{2}{k_i-1},\cdots,1\right\}$, $i=1,2,\cdots,n$. 一个映射 $f:\mathcal{D}_{k_i}^n\to\mathcal{D}_k$ 称为一个 n 元逻辑函数，这里 $\mathcal{D}_k=\left\{0,\frac{1}{k-1},\frac{2}{k-1},\cdots,1\right\}$. 特别地，当 $k_i=k$ 时，称 f 为 k 值逻辑函数(也称多值逻辑函数)；否则，称 f 为混合值逻辑函数.

本书将以布尔函数为主介绍有关逻辑动态系统的相关结果，所有基本结果均可推广到多值或混合值逻辑动态系统.

例 2.1.1 (i) 以下的陈述是命题：(a)“这是一条狗”；(b)“煤是白的”；(c)“外星球上也有人类”.

(ii) 以下的陈述不是命题：(a)“三国演义”；(b)“延长线段 AB 到点 C”；(c)“乌克兰的局势变化”.

下面介绍一些常用的逻辑算子，其取值通常用真值表表示.

• “非”：这是一个一元逻辑算子，通常记作 $\neg$. 表 2.1.1 是“非”的真值表.

表 2.1.1 “非”的真值表

x	$\neg x$
1	0
0	1

• “析取”：这是一个二元逻辑算子，通常记作 $\vee$. 表 2.1.2 是“析取”的真值表.

表 2.1.2 “析取”的真值表

x	y	$x\vee y$
1	1	1
1	0	1
0	1	1
0	0	0

• “合取”：这是一个二元逻辑算子，通常记作 $\wedge$. 表 2.1.3 是“合取”的真值表.

表 2.1.3　“合取”的真值表

x	y	$x \wedge y$
1	1	1
1	0	0
0	1	0
0	0	0

• “蕴涵”:这是一个二元逻辑算子,通常记作$\rightarrow$. 表 2.1.4 是“蕴涵”的真值表.

表 2.1.4　“蕴涵”的真值表

x	y	$x \rightarrow y$
1	1	1
1	0	0
0	1	1
0	0	1

• “等价”:这是一个二元逻辑算子,通常记作$\leftrightarrow$. 表 2.1.5 是“等价”的真值表.

表 2.1.5　“等价”的真值表

x	y	$x \leftrightarrow y$
1	1	1
1	0	0
0	1	0
0	0	1

• “异或”:这是一个二元逻辑算子,通常记作$\bar{\vee}$. 表 2.1.6 是“异或”的真值表.

表 2.1.6 "异或"的真值表

x	y	$x \bar{\vee} y$
1	1	0
1	0	1
0	1	1
0	0	0

利用以上逻辑算子的真值表，我们可以构造一般逻辑函数的真值表，举例如下：

例 2.1.2 设 $w=(x \vee \neg y) \bar{\vee} z$，则 w 的真值表的构造如表 2.1.7 所示.

表 2.1.7 $w=(x \vee \neg y) \bar{\vee} z$ 的真值表

x	y	z	$\neg y$	$x \vee \neg y$	$w=(x \vee \neg y) \bar{\vee} z$
1	1	1	0	1	0
1	1	0	0	1	1
1	0	1	1	1	0
1	0	0	1	1	1
0	1	1	0	0	1
0	1	0	0	0	0
0	0	1	1	1	0
0	0	0	1	1	1

定义 2.1.2 (i) 如果一个逻辑函数可由一组逻辑变量或其非变量经合(析)取组成，则称它为简单合(析)取式.

(ii) 如果一个逻辑函数可由一组简单合(析)取式经析(合)取联结组成，则称它为析(合)取范式.

例 2.1.3 (i) $x \wedge \neg y$, $\neg x \wedge y \wedge \neg w$ 为简单合取式.

(ii) $x \vee \neg y$, $\neg x \vee \neg y \vee w$ 为简单析取式.

(iii) $z \vee (x \wedge \neg y) \vee (\neg x \wedge y \wedge \neg w)$为析取范式.

(iv) $\neg z \wedge (x \vee \neg y) \wedge (\neg x \vee \neg y \vee w)$为合取范式.

命题 2.1.1 任一逻辑函数都能表示成析取范式，也都能表示成合取范式.

定义 2.1.3　如果任何一个逻辑函数都可以由一组逻辑算子表示,则称这组逻辑算子为完备集.

根据命题 2.1.1,$\{\neg,\vee,\wedge\}$显然是个完备集. 实际上,$\{\neg,\vee\}$或$\{\neg,\wedge\}$都是完备集.

2.1.2　布尔函数的代数表示

为了用矩阵运算代替逻辑运算,我们做如下等价:

$$1\sim\boldsymbol{\delta}_2^1=\begin{bmatrix}1\\0\end{bmatrix},\quad 0\sim\boldsymbol{\delta}_2^2=\begin{bmatrix}0\\1\end{bmatrix}. \tag{2.1.1}$$

这样,一个逻辑变量 x 就可以用一个二维向量 $\begin{bmatrix}x\\1-x\end{bmatrix}$ 来表示了.

为叙述方便,定义如下记号:

- $\mathcal{D}_k=\{1,2,\cdots,k\}$或 $\mathcal{D}_k=\left\{0,\frac{1}{k-1},\frac{2}{k-1},\cdots,1\right\}$. 于是 $\mathcal{D}_2=\mathcal{D}$.
- $\Delta_k=\mathrm{Col}(\boldsymbol{I}_k)$.
- 已知 $\boldsymbol{L}\in\mathcal{M}_{k\times n}$,如果 $\mathrm{Col}(\boldsymbol{L})\subset\Delta_k$,则称 $\boldsymbol{L}$ 为一个逻辑矩阵. 一个逻辑矩阵可表示如下:

$$\boldsymbol{L}=[\boldsymbol{\delta}_k^{i_1},\boldsymbol{\delta}_k^{i_2},\cdots,\boldsymbol{\delta}_k^{i_n}]:=\delta_k[i_1,i_2,\cdots,i_n].$$

- $k\times n$ 维逻辑矩阵集合记为 $\mathcal{L}_{k\times n}$.

现在,我们对每一个逻辑算子定义一个矩阵,使逻辑运算转化为矩阵运算. 例如,对“非”定义

$$\boldsymbol{M}_n:=\begin{bmatrix}0&1\\1&0\end{bmatrix}=\delta_2[2,1],$$

那么,在向量表达形式下有

$$\neg\boldsymbol{x}=\boldsymbol{M}_n\boldsymbol{X}. \tag{2.1.2}$$

注意:式(2.1.2)中 $\boldsymbol{X}$ 是 $\boldsymbol{x}$ 的向量形式.

对于二元逻辑算子$\wedge,\vee,\rightarrow,\leftrightarrow,\bar{\vee}$,分别定义其相应的结构矩阵 $\boldsymbol{M}_c,\boldsymbol{M}_d,\boldsymbol{M}_i,\boldsymbol{M}_e$ 及 $\boldsymbol{M}_m$ 如下:

$$\boldsymbol{M}_c:=\delta_2[1,2,2,2],\quad \boldsymbol{M}_d:=\delta_2[1,1,1,2],\quad \boldsymbol{M}_i:=\delta_2[1,2,1,1],$$

$$\boldsymbol{M}_e:=\delta_2[1,2,2,1],\quad \boldsymbol{M}_m:=\delta_2[2,1,1,2].$$

那么,容易验证

$$
\begin{cases}
\boldsymbol{x} \wedge \boldsymbol{y} = \boldsymbol{M}_c \boldsymbol{x}\boldsymbol{y}, \\
\boldsymbol{x} \vee \boldsymbol{y} = \boldsymbol{M}_d \boldsymbol{x}\boldsymbol{y}, \\
\boldsymbol{x} \rightarrow \boldsymbol{y} = \boldsymbol{M}_i \boldsymbol{x}\boldsymbol{y}, \\
\boldsymbol{x} \leftrightarrow \boldsymbol{y} = \boldsymbol{M}_e \boldsymbol{x}\boldsymbol{y}, \\
\boldsymbol{x} \bar{\vee} \boldsymbol{y} = \boldsymbol{M}_m \boldsymbol{x}\boldsymbol{y},
\end{cases}
\tag{2.1.3}
$$

这里,式(2.1.3)左边的变量取其逻辑函数的向量形式,右边的变量取其逻辑变量的向量形式.

是不是对每一个逻辑函数都可以找到一个矩阵,使其运算转化为矩阵乘法呢?答案是肯定的.

定理 2.1.1 设 $f:\mathcal{D}^n \rightarrow \mathcal{D}$,则存在唯一的逻辑矩阵 $\boldsymbol{M}_f \in \mathcal{L}_{2\times 2^n}$,其向量形式为

$$
f(x_1, x_2, \cdots, x_n) \sim \boldsymbol{M}_f \ltimes_{i=1}^n \boldsymbol{x}_i. \tag{2.1.4}
$$

其中,$\boldsymbol{M}_f$ 称为 f 的结构矩阵.

这个定理的证明并不重要,重要的是如何找到每一个逻辑函数的结构矩阵.为此,我们定义如下 k 维降阶矩阵:

$$
\boldsymbol{R}_k^P := \mathrm{Diag}\{\boldsymbol{\delta}_k^1, \boldsymbol{\delta}_k^2, \cdots, \boldsymbol{\delta}_k^k\} = \delta_{k^2}[1, k+2, 2k+3, \cdots, k^2]. \tag{2.1.5}
$$

之所以称它为降阶矩阵,是因为它可用于降阶.

命题 2.1.2 设 $\boldsymbol{x} \in \Delta_k$,则

$$
\boldsymbol{x}^2 = \boldsymbol{R}_k^P \boldsymbol{x}. \tag{2.1.6}
$$

利用降阶矩阵和换位矩阵,不难给出一个逻辑函数的结构矩阵.

例 2.1.4 设

$$
f(x_1, x_2, x_3) = (x_1 \wedge x_2) \bar{\vee} (x_1 \vee x_3), \tag{2.1.7}
$$

则在向量形式下有

$$
\begin{aligned}
f(x_1, x_2, x_3) &\sim \boldsymbol{M}_m (\boldsymbol{M}_c \boldsymbol{x}_1 \boldsymbol{x}_2)(\boldsymbol{M}_d \boldsymbol{x}_1 \boldsymbol{x}_3) \\
&= \boldsymbol{M}_m \boldsymbol{M}_c (\boldsymbol{I}_4 \otimes \boldsymbol{M}_d) \boldsymbol{x}_1 \boldsymbol{x}_2 \boldsymbol{x}_1 \boldsymbol{x}_3 \\
&= \boldsymbol{M}_m \boldsymbol{M}_c (\boldsymbol{I}_4 \otimes \boldsymbol{M}_d) \boldsymbol{x}_1 \boldsymbol{W}_{[2,2]} \boldsymbol{x}_1 \boldsymbol{x}_2 \boldsymbol{x}_3 \\
&= \boldsymbol{M}_m \boldsymbol{M}_c (\boldsymbol{I}_4 \otimes \boldsymbol{M}_d)(\boldsymbol{I}_2 \otimes \boldsymbol{W}_{[2,2]}) \boldsymbol{x}_1^2 \boldsymbol{x}_2 \boldsymbol{x}_3 \\
&= \boldsymbol{M}_m \boldsymbol{M}_c (\boldsymbol{I}_4 \otimes \boldsymbol{M}_d)(\boldsymbol{I}_2 \otimes \boldsymbol{W}_{[2,2]}) \boldsymbol{R}_2^P \boldsymbol{x}_1 \boldsymbol{x}_2 \boldsymbol{x}_3 \\
&= \boldsymbol{M}_f \ltimes_{i=1}^3 \boldsymbol{x}_i := \boldsymbol{M}_f \boldsymbol{x}.
\end{aligned}
$$

上式右边的变量为式(2.1.7)中变量的向量形式,且 $\boldsymbol{x} = \ltimes_{i=1}^3 \boldsymbol{x}_i$,

$$\begin{aligned}\boldsymbol{M}_f &= \boldsymbol{M}_m\boldsymbol{M}_c(\boldsymbol{I}_4\otimes\boldsymbol{M}_d)(\boldsymbol{I}_2\otimes\boldsymbol{W}_{[2,2]})\boldsymbol{R}_2^P\\ &= \delta_2[2,2,1,1,1,2,1,2].\end{aligned}$$

注意:对于多值逻辑或混合值逻辑情形,本章所有结果都成立(对于 $\mathcal{D}_k=\{1,2,\cdots,k\}$的情形, 只需令 $i\sim\boldsymbol{\delta}_k^i$ 即可).

2.1.3 布尔(控制)网络的代数表示

在 20 世纪 60 年代初,法国生物学家雅各布(Jacob)和莫诺(Monod)发现细胞中的调节基因可以打开或关闭其他基因,从而形成基因网络. 这项工作使得他们在 1965 年获得了诺贝尔生理学或医学奖. 在他们发现的启发下,美国学者考夫曼(Kauffman)提出用布尔网络来刻画细胞与基因调控网络, 相关研究取得了很大成功. 此后布尔网络成为系统生物学研究的一个有效工具.

一个布尔网络可以描述成一个网络图. 网络图通常只画出邻域关系,这时,我们将某一节点"入度"的那些节点称为该点的邻域. 例如:图 2.1.1 中,A 的邻域为$\{B, C\}$,记作 $U(A)=\{B,C\}$;B 的邻域为$\{A\}$,记作 $U(B)=\{A\}$;C 的邻域为$\{B,C\}$,记作 $U(C)=\{B,C\}$. 在图 2.1.1 中,节点 A,B,C 在每个时刻 t 可取不同的逻辑值,每个节点在 $t+1$ 时刻的值是它的邻域节点在 t 时刻值的一个逻辑函数. 另外,我们还需要将网络的逻辑动态系统用逻辑函数表示出来. 例如,图 2.1.1 所示布尔网络的动态方程可表示为

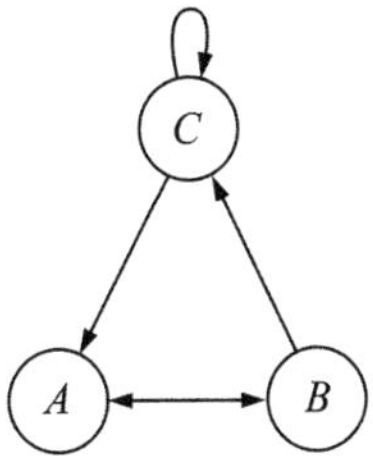

图 2.1.1 布尔网络

$$\begin{cases}A(t+1)=B(t)\,\bar{\vee}\,C(t),\\ B(t+1)=\neg A(t),\\ C(t+1)=B(t)\wedge\neg C(t).\end{cases}\tag{2.1.8}$$

一个 n 个节点的布尔网络,其动力学演化方程可表示为

$$\begin{cases}x_1(t+1)=f_1(x_1(t),\cdots,x_n(t)),\\ x_2(t+1)=f_2(x_1(t),\cdots,x_n(t)),\\ \cdots\cdots\\ x_n(t+1)=f_n(x_1(t),\cdots,x_n(t)).\end{cases}\tag{2.1.9}$$

为了得到演化方程的状态空间表达式,我们需要先介绍以下两个命题.

命题 2.1.3 设 $x\in\Upsilon_m, y\in\Upsilon_n, z\in\Upsilon_r$，定义

$$F_{[m,n,r]}:=I_m\otimes\mathbf{1}_{nr}^{\mathrm{T}},$$

$$M_{[m,n,r]}:=\mathbf{1}_m^{\mathrm{T}}\otimes I_n\otimes\mathbf{1}_r^{\mathrm{T}},$$

$$R_{[m,n,r]}:=\mathbf{1}_{mn}^{\mathrm{T}}\otimes I_r,$$

那么

$$\begin{cases}F_{[m,n,r]}xyz=x,\\ M_{[m,n,r]}xyz=y,\\ R_{[m,n,r]}xyz=z.\end{cases}\tag{2.1.10}$$

如果只有两个因子，则有下面的推论：

推论 2.1.1 设 $x\in\Upsilon_m, y\in\Upsilon_n$，定义

$$F_{[m,n]}:=I_m\otimes\mathbf{1}_n^{\mathrm{T}},$$

$$R_{[m,n]}:=\mathbf{1}_m^{\mathrm{T}}\otimes I_n,$$

那么

$$\begin{cases}F_{[m,n]}xy=x,\\ R_{[m,n]}xy=y.\end{cases}\tag{2.1.11}$$

考虑布尔网络(2.1.9)，设 f_i 的结构矩阵为 $M_i(i=1,2,\cdots,n)$，那么，在向量形式下我们有

$$\begin{cases}x_1(t+1)=M_1x(t),\\ x_2(t+1)=M_2x(t),\\ \cdots\cdots\\ x_n(t+1)=M_nx(t),\end{cases}\tag{2.1.12}$$

这里动态方程两端的变量为布尔网络(2.1.9)中对应变量的向量形式，$x(t)=\ltimes_{i=1}^{n}x_i(t)$.

命题 2.1.4 设 $u=M\ltimes_{i=1}^{n}x_i\in\Delta_p, v=N\ltimes_{i=1}^{n}x_i\in\Delta_q$，那么

$$uv=(M*N)\ltimes_{i=1}^{n}x_i\in\Delta_{pq},\tag{2.1.13}$$

其中，$*$ 表示 Khatri-Rao 积.

利用命题 2.1.4，布尔网络(2.1.12)可表示为

$$x(t+1)=Lx(t),\tag{2.1.14}$$

其中

$$L=M_1*M_2*\cdots*M_n.$$

式(2.1.14)称为布尔网络(2.1.9)的状态空间表达式.

例 2.1.5　考虑布尔网络(2.1.8). 先计算(2.1.8)中每个逻辑动态方程的向量形式,为让其向量形式包含所有变量的乘积,需要用到命题 2.1.3 或其推论 2.1.1. 考虑第一个方程,我们有

$$\begin{aligned}\boldsymbol{A}(t+1)&=\boldsymbol{M}_m\boldsymbol{B}(t)\boldsymbol{C}(t)\\&=\boldsymbol{M}_n\boldsymbol{R}_{[2,2]}\boldsymbol{A}(t)\boldsymbol{B}(t)\boldsymbol{C}(t)\\&=\delta_2[2,1,1,2,2,1,1,2]\boldsymbol{A}(t)\boldsymbol{B}(t)\boldsymbol{C}(t):=\boldsymbol{M}_1x(t),\end{aligned}$$

其中,$\boldsymbol{x}(t)=\boldsymbol{A}(t)\boldsymbol{B}(t)\boldsymbol{C}(t)$. 类似地,可以得到

$$\boldsymbol{B}(t+1)=\boldsymbol{M}_2\boldsymbol{x}(t),\quad \boldsymbol{C}(t+1)=\boldsymbol{M}_3\boldsymbol{x}(t),$$

其中

$$\boldsymbol{M}_2=\delta_2[2,2,2,2,1,1,1,1],$$
$$\boldsymbol{M}_3=\delta_2[1,2,2,2,1,2,2,2].$$

最后利用命题 2.1.4 可得状态空间表达式为

$$\boldsymbol{x}(t+1)=\boldsymbol{L}\boldsymbol{x}(t),$$

其中

$$\boldsymbol{L}=\boldsymbol{M}_1*\boldsymbol{M}_2*\boldsymbol{M}_3=\delta_8[7,4,4,8,5,2,2,6].$$

在一个布尔网络中,如果一个节点的值可以依设计要求任意选择,则将这样的节点称为输入或控制;如果一个节点的值不影响网络演化,则将这样的节点称为输出. 带有输入、输出的布尔网络称为布尔控制网络.

一个包含 n 个状态节点、m 个输入节点、p 个输出节点的布尔控制网络的动力学方程可以表示为

$$\begin{cases}x_1(t+1)=f_1(x_1(t),\cdots,x_n(t),u_1(t),\cdots,u_m(t)),\\x_2(t+1)=f_2(x_1(t),\cdots,x_n(t),u_1(t),\cdots,u_m(t)),\\\cdots\cdots\\x_n(t+1)=f_n(x_1(t),\cdots,x_n(t),u_1(t),\cdots,u_m(t)),\end{cases}\tag{2.1.15}$$
$$y_j(t)=g_j(x_1(t),\cdots,x_n(t)),j=1,2,\cdots,p,$$

其中,$x_i(t)(i=1,2,\cdots,n)$是状态,$u_i(t)(i=1,2,\cdots,m)$是控制,$y_j(t)(j=1,2,\cdots,p)$是输出.

类似于布尔网络,利用逻辑变量的向量表示,我们也可以得到布尔控制网络(2.1.15)的状态空间表达式:

$$\begin{cases}\boldsymbol{x}(t+1)=\boldsymbol{L}\boldsymbol{u}(t)\boldsymbol{x}(t),\\\boldsymbol{y}(t)=\boldsymbol{H}\boldsymbol{x}(t),\end{cases}\tag{2.1.16}$$

其中, $\boldsymbol{x}(t)=\ltimes_{i=1}^{n}\boldsymbol{x}_i(t)$, $\boldsymbol{u}(t)=\ltimes_{i=1}^{m}\boldsymbol{u}_i(t)$, $\boldsymbol{y}(t)=\ltimes_{i=1}^{p}\boldsymbol{y}_i(t)$, $\boldsymbol{L}\in\mathcal{L}_{2^n\times 2^{n+m}}$, $\boldsymbol{H}\in\mathcal{L}_{2^p\times 2^n}$.

例 2.1.6 给定一布尔控制网络,其网络图如图 2.1.2 所示. 其动态方程为

$$\begin{cases}A(t+1)=B(t)\vee u_1(t),\\ B(t+1)=\neg C(t)\leftrightarrow u_2(t),\\ C(t+1)=\neg A(t),\end{cases}\tag{2.1.17}$$

$$y(t)=B(t)\wedge C(t).$$

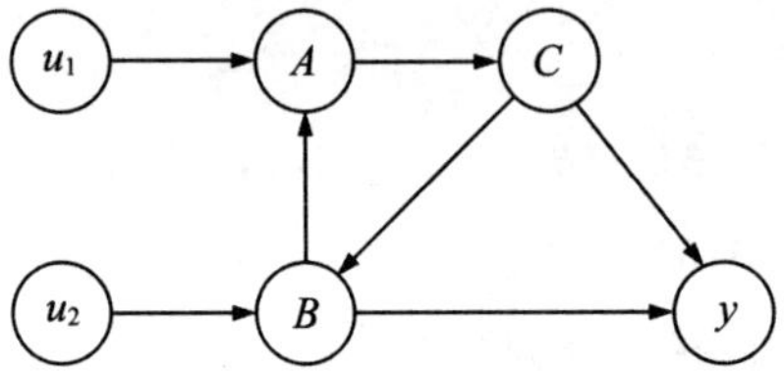

图 2.1.2 布尔控制网络

那么,我们有

$$\begin{aligned}\boldsymbol{A}(t+1)&=\boldsymbol{M}_d u_1(t)\boldsymbol{B}(t)\\&=\boldsymbol{M}_d\boldsymbol{F}_{[2,2]}\boldsymbol{u}(t)\boldsymbol{M}_{[2,2,2]}\boldsymbol{x}(t)\\&=\boldsymbol{M}_d\boldsymbol{F}_{[2,2]}(\boldsymbol{I}_4\otimes\boldsymbol{M}_{[2,2,2]})\boldsymbol{u}(t)\boldsymbol{x}(t)\\&:=\boldsymbol{L}_1\boldsymbol{u}(t)\boldsymbol{x}(t),\\ \boldsymbol{B}(t+1)&=\boldsymbol{M}_e\boldsymbol{M}_n\boldsymbol{u}_2(t)\boldsymbol{C}(t)\\&=\boldsymbol{M}_e\boldsymbol{M}_n\boldsymbol{R}_{[2,2]}\boldsymbol{u}(t)\boldsymbol{R}_{[4,2]}\boldsymbol{x}(t)\\&=\boldsymbol{M}_e\boldsymbol{M}_n\boldsymbol{R}_{[2,2]}(\boldsymbol{I}_4\otimes\boldsymbol{R}_{[4,2]})\boldsymbol{u}(t)\boldsymbol{x}(t)\\&:=\boldsymbol{L}_2\boldsymbol{u}(t)\boldsymbol{x}(t),\\ \boldsymbol{C}(t+1)&=\boldsymbol{M}_n\boldsymbol{A}(t)\\&=\boldsymbol{M}_n\boldsymbol{F}_{[2,4]}\boldsymbol{x}(t)\\&=\boldsymbol{M}_n\boldsymbol{F}_{[2,4]}\boldsymbol{R}_{[4,8]}\boldsymbol{u}(t)\boldsymbol{x}(t)\\&:=\boldsymbol{L}_3\boldsymbol{u}(t)\boldsymbol{x}(t),\\ \boldsymbol{y}(t)&=\boldsymbol{M}_c\boldsymbol{B}(t)\boldsymbol{C}(t)\\&=\boldsymbol{M}_c\boldsymbol{R}_{[2,4]}\boldsymbol{x}(t)\\&:=\boldsymbol{H}\boldsymbol{x}(t),\end{aligned}$$

其中

$$\boldsymbol{L}_1=\boldsymbol{M}_d\boldsymbol{F}_{[2,2]}(\boldsymbol{I}_4\otimes\boldsymbol{M}_{[2,2,2]})$$

$$=\delta_2[1,1,1,1,1,1,1,1,1,1,1,1,1,1,1,1,$$
$$1,1,2,2,1,1,2,2,1,1,2,2,1,1,2,2],$$

$$\boldsymbol{L}_2=\boldsymbol{M}_e\boldsymbol{M}_n\boldsymbol{R}_{[2,2]}(\boldsymbol{I}_4\otimes\boldsymbol{R}_{[4,2]})$$
$$=\delta_2[2,1,2,1,2,1,2,1,1,2,1,2,1,2,1,2,$$
$$2,1,2,1,2,1,2,1,1,2,1,2,1,2,1,2],$$

$$\boldsymbol{L}_3=\boldsymbol{M}_n\boldsymbol{F}_{[2,4]}\boldsymbol{R}_{[4,8]}$$
$$=\delta_2[2,2,2,2,1,1,1,1,2,2,2,2,1,1,1,1,$$
$$2,2,2,2,1,1,1,1,2,2,2,2,1,1,1,1],$$

$$\boldsymbol{H}=\boldsymbol{M}_c\boldsymbol{R}_{[2,4]}=\delta_2[1,2,2,2,1,2,2,2].$$

最后,我们可得到布尔控制网络(2.1.17)的形如(2.1.16)的状态空间表达式形式,其中,$\boldsymbol{x}(t)=\boldsymbol{A}(t)\boldsymbol{B}(t)\boldsymbol{C}(t)$,$\boldsymbol{u}(t)=\boldsymbol{u}_1(t)\boldsymbol{u}_2(t)$,

$$\boldsymbol{L}=\boldsymbol{L}_1*\boldsymbol{L}_2*\boldsymbol{L}_3$$
$$=\delta_8[4,2,4,2,3,1,3,1,2,4,2,4,1,3,1,3,$$
$$4,2,8,6,3,1,7,5,2,4,6,8,1,3,5,7].$$

2.1.4 布尔网络的拓扑结构

定义 2.1.4 考虑布尔网络(2.1.9). 如果 $\forall s>t$,由 $x(t)=x_e$ 得 $x(s)=x_e$,则称 x_e 为一个不动点(fixed point). 如果由 $x(t)=x_0$ 得 $x(t+j)=x_j$ $(j=1,2,\cdots,\ell)$,则称$(x_0,x_1,\cdots,x_\ell=x_0)$为一个极限环或极限圈(cycle). 进一步地,若 $x_i\neq x_j$,$0\leqslant i<j\leqslant \ell-1$,则称 ℓ 为极限环的长度. 不动点与极限环统称为吸引子(attractor).

因为布尔网络只有有限个节点(设为 n),而每个节点只有两个状态,所以布尔网络总共只有 2^n 个状态. 在向量形式下,我们有 $\boldsymbol{x}(t)\in\Delta_{2^n}$. 因此,至多经过 2^n 个时刻,布尔网络必出现重复状态. 换言之,布尔网络的轨线一定要收敛到一个吸引子. 因此,不动点和极限环是布尔网络最重要的拓扑结构.

定理 2.1.2 考虑布尔网络(2.1.9),其状态空间表达式为(2.1.14).

(i) $\boldsymbol{\delta}_{2^n}^i$ 是其不动点,当且仅当式(2.1.14)中 $\boldsymbol{L}$ 的对角线元素

$$\ell_{ii}=1.$$

(ii) 记布尔网络(2.1.9)不动点的个数为 N_e,则

$$N_e=\mathrm{tr}(\boldsymbol{L}). \tag{2.1.18}$$

下面考虑布尔网络(2.1.9)极限环的个数. 首先引入一个记号:设 $s,k\in\mathbb{Z}_+$

为两个正整数，如果 $k<s$ 且 $\frac{s}{k}\in\mathbb{Z}_+$，则 k 称为 s 的真因子. s 的真因子集合记为 $\mathcal{P}(s)$. 例如，$\mathcal{P}(8)=\{1,2,4\}$，$\mathcal{P}(12)=\{1,2,3,4,6\}$，等等.

注意:如果 $\boldsymbol{x}$ 在一个长度为 ℓ 的极限环上，则 $\boldsymbol{x}$ 为 $\boldsymbol{L}^{\ell}$ 的不动点. 利用定理 2.1.2，再考虑到可能的重复，则不难得到如下结论.

定理 2.1.3 布尔网络(2.1.9)长度为 s 的极限环的个数(记作 N_s)可由下面的递推式得到：

$$\begin{cases}N_1=N_e,\\ N_s=\dfrac{\operatorname{tr}(\boldsymbol{L}^s)-\sum\limits_{k\in\mathcal{P}(s)}kN_k}{s},\quad 2\leqslant s\leqslant 2^n,\end{cases}\tag{2.1.19}$$

其中，N_k 是 k 的真因子个数. 例如，6 的真因子有 1,2,3，则 $N_6=3$.

下面讨论如何找到布尔网络(2.1.9)的极限环. 如果

$$\operatorname{tr}(\boldsymbol{L}^s)-\sum_{k\in\mathcal{P}(s)}kN_k>0,\tag{2.1.20}$$

则称 s 为非平凡指数.

设 s 为非平凡指数，记 ℓ_{ii}^s 为 $\boldsymbol{L}^s$ 的第 i 个对角元素，定义

$$C_s=\{i\mid \ell_{ii}^s=1\},\quad s=1,2,\cdots,2^n$$

与

$$D_s=C_s\bigcap_{i\in\mathcal{P}(s)}C_i^c,$$

其中，C_i^c 是 C_i 的余集. 利用这些记号，不难得到下面的结论.

命题 2.1.5 设 $\boldsymbol{x}_0=\boldsymbol{\delta}_{2^n}^i$，那么 $\{\boldsymbol{x}_0,\boldsymbol{L}\boldsymbol{x}_0,\cdots,\boldsymbol{L}^s\boldsymbol{x}_0\}$ 为长度为 s 的极限环，当且仅当 $i\in D_s$.

利用定理 2.1.2 就可找到一个布尔网络的所有不动点，利用定理 2.1.3 及命题 2.1.5 就可找到所有的极限环. 具体步骤参见如下例子.

例 2.1.7 考察布尔网络

$$\begin{cases}x_1(t+1)=x_2(t)\wedge x_3(t),\\ x_2(t+1)=\neg x_1(t),\\ x_3(t+1)=x_2(t)\vee x_3(t),\end{cases}\tag{2.1.21}$$

不难得到其向量形式为

$$\begin{cases}\boldsymbol{x}_1(t+1)=\delta_2[1,2,2,2,1,2,2,2]\boldsymbol{x}(t),\\ \boldsymbol{x}_2(t+1)=\delta_2[2,2,2,2,1,1,1,1]\boldsymbol{x}(t),\\ \boldsymbol{x}_3(t+1)=\delta_2[1,1,1,2,1,1,1,2]\boldsymbol{x}(t),\end{cases}\tag{2.1.22}$$

于是可得到其状态空间表达式为

$$\boldsymbol{x}(t+1)=\boldsymbol{L}\boldsymbol{x}(t), \tag{2.1.23}$$

其中

$$\boldsymbol{L}=\boldsymbol{M}_1 * \boldsymbol{M}_2 * \boldsymbol{M}_3=\delta_8[3,7,7,8,1,5,5,6].$$

容易检验

$$\operatorname{tr}(\boldsymbol{L}^s)=\begin{cases}0, & s<4,\\ 4, & s\geqslant 4.\end{cases}$$

由定理 2.1.2 可知，该布尔网络没有不动点. 由定理 2.1.3 可知，该布尔网络只有一个长度为 4 的极限环. 计算得

$$\boldsymbol{L}^4=\delta_8[1,3,3,1,5,7,7,3].$$

根据命题 2.1.5，任选矩阵 $\boldsymbol{L}$ 中一个对角元为 1 的列（显然可选 $\mathrm{Col}_i(\boldsymbol{L}^4)$，$i=1,3,5,7$），不妨选 $\boldsymbol{Z}=\mathrm{Col}_1(\boldsymbol{L}^4)=\boldsymbol{\delta}_8^1$，于是有

$$\boldsymbol{L}\boldsymbol{Z}=\boldsymbol{\delta}_8^3,\quad \boldsymbol{L}^2\boldsymbol{Z}=\boldsymbol{\delta}_8^7,\quad \boldsymbol{L}^3\boldsymbol{Z}=\boldsymbol{\delta}_8^5,\quad \boldsymbol{L}^4\boldsymbol{Z}=\boldsymbol{Z},$$

即

$$\boldsymbol{\delta}_8^1\to\boldsymbol{\delta}_8^3\to\boldsymbol{\delta}_8^7\to\boldsymbol{\delta}_8^5\to\boldsymbol{\delta}_8^1$$

为一个极限环. 返回到 (x_1,x_2,x_3) 的布尔值形式，则极限环可表示为

$$(1,1,1)\to(1,0,1)\to(0,0,1)\to(0,1,1)\to(1,1,1).$$

2.2　进阶导读

2.2.1　布尔网络的稳定性

(i) 如果布尔网络(2.1.9)有且仅有唯一的不动点作为吸引子，则称布尔网络(2.1.9)是全局稳定的.

(ii) 给定一个状态 $\boldsymbol{x}^*\in\Delta_{2^n}$，若对任一初始状态 $\boldsymbol{x}_0\in\Delta_{2^n}$，存在 $T(\boldsymbol{x}_0)\in\mathbb{N}$，满足

$$\boldsymbol{x}(t;\boldsymbol{x}_0)=\boldsymbol{x}^*,\quad \forall t\geqslant T(\boldsymbol{x}_0), \tag{2.2.1}$$

则称布尔网络(2.1.14)全局稳定到 $\boldsymbol{x}^*\in\Delta_{2^n}$.

由于布尔网络的(2.1.9)与(2.1.14)两种形式是等价的，因此以上两种稳定性的定义显然是等价的.

2.2.2 布尔控制网络的镇定性

令 $\boldsymbol{x}(t;\boldsymbol{x}_0,\boldsymbol{u})$ 为以 $\boldsymbol{x}_0$ 为初始状态，在控制序列 $\boldsymbol{u}=\{\boldsymbol{u}(t)\}_{t\in\mathbb{N}}$ 下，布尔控制网络(2.1.16)在 t 时刻的状态.

定义 2.2.1 给定一个状态 $\boldsymbol{x}^*\in\Delta_{2^n}$，若对任一初始状态 $\boldsymbol{x}_0\in\Delta_{2^n}$，存在一个控制序列 $\boldsymbol{u}$ 以及一个正整数 $T(\boldsymbol{x}_0,\boldsymbol{u})$，满足

$$\boldsymbol{x}(t;\boldsymbol{x}_0,\boldsymbol{u})=x^*,\quad \forall t\geqslant T(\boldsymbol{x}_0,\boldsymbol{u}), \tag{2.2.2}$$

则称布尔控制网络(2.1.16)可全局镇定到 x^*.

对任一 $r=1,2,\cdots,2^n$，记 $E_k(r)$ 为在某一个控制序列

$$\boldsymbol{u}(0),\boldsymbol{u}(1),\cdots,\boldsymbol{u}(k-1)$$

下能够 k 步到达状态 $\boldsymbol{\delta}_{2^n}^r$ 的所有初始状态构成的集合，即

$$E_k(r)=\{\boldsymbol{x}_0\in\Delta_{2^n}:\text{存在一个控制序列 }\boldsymbol{u}(0),\boldsymbol{u}(1),\cdots,\boldsymbol{u}(k-1),\ \text{使得 }\boldsymbol{x}(k;\boldsymbol{x}_0,\boldsymbol{u}(0),\boldsymbol{u}(1),\cdots,\boldsymbol{u}(k-1))=\boldsymbol{\delta}_{2^n}^r\}.$$

命题 2.2.1 对任一 $r=1,2,\cdots,2^n$，有以下结论成立：

(i) 若 $\boldsymbol{\delta}_{2^n}^r\in E_1(r)$，则 $E_k(r)\subseteq E_{k+1}(r)$；

(ii) 若 $E_1(r)=\{\boldsymbol{\delta}_{2^n}^r\}$，则 $E_k(r)=\{\boldsymbol{\delta}_{2^n}^r\}$，$\forall k\geqslant 1$；

(iii) 若存在 $j\geqslant 1$ 使得 $E_{j+1}(r)=E_j(r)$，则 $E_k(r)=E_j(r)$，$\forall k\geqslant j$.

考虑布尔控制网络(2.1.16)，若存在一个逻辑矩阵 $\boldsymbol{F}\in\mathcal{L}_{2^m\times 2^n}$，使得系统 $\boldsymbol{x}(t+1)=\boldsymbol{L}\boldsymbol{u}(t)\boldsymbol{x}(t)$ 在反馈控制 $\boldsymbol{u}(t)=\boldsymbol{F}\boldsymbol{x}(t)$ 下是全局稳定到 $\boldsymbol{x}^*$ 的，则称布尔控制网络(2.1.16)是反馈全局镇定到 $\boldsymbol{x}^*$ 的.

定理 2.2.1 给定一个状态 $\boldsymbol{x}^*=\boldsymbol{\delta}_{2^n}^r\in\Delta_{2^n}$，布尔控制网络(2.1.16)是反馈全局镇定到 $\boldsymbol{x}^*$ 的，当且仅当以下两个条件成立：

(i) $\boldsymbol{\delta}_{2^n}^r\in E_1(r)$；

(ii) 存在一个正整数 $T\leqslant 2^n-1$，使得 $E_T(r)=\Delta_{2^n}$.

2.2.3 布尔控制网络的能控性

考虑布尔控制网络(2.1.15)，记系统的状态向量与控制向量分别为

$$\boldsymbol{X}=(x_1,x_2,\cdots,x_n)^{\mathrm{T}},\quad \boldsymbol{U}=(u_1,u_2,\cdots,u_m)^{\mathrm{T}}.$$

给定两个状态向量 $\boldsymbol{X}^0,\boldsymbol{X}^d\in\mathcal{D}^n$.

(i) 如果存在 $0<T<\infty$，以及一个控制序列 $\{\boldsymbol{U}(0),\boldsymbol{U}(1),\cdots,\boldsymbol{U}(T-1)\}$，使得布尔控制网络(2.1.15)在该控制序列下，其状态能从 $\boldsymbol{X}(0)=\boldsymbol{X}^0$ 到 $\boldsymbol{X}(T)$

$=X^d$，则称布尔控制网络(2.1.15)可以从 X^0 控制到 X^d.

(ii) 如果对任何 $X\in\mathcal{D}^n$，X^0 到 X 均能控，则称布尔控制网络(2.1.15)在 X^0 能控.

(iii) 如果对任何 $X\in\mathcal{D}^n$，X 到 X^d 均能控，则称布尔控制网络(2.1.15)到 X^d 可达.

(iv) 如果对任何 $X^1,X^2\in\mathcal{D}^n$，X^1 到 X^2 均能控，则称布尔控制网络(2.1.15)(完全)能控.

2.2.4　布尔控制网络的能控性矩阵

定义 2.2.2　(i) 设 $a,b\in\mathcal{D}$，则

$$a+_{\mathcal{B}}b=a\vee b, \tag{2.2.3}$$

$$a\times_{\mathcal{B}}b=a\wedge b. \tag{2.2.4}$$

(ii) 设 $A=(a_{ij})\in\mathcal{B}_{m\times s}$，$B=(b_{ij})\in\mathcal{B}_{s\times n}$，$C=(c_{ij})\in\mathcal{B}_{m\times n}$，则

$$A\times_{\mathcal{B}}B=C, \tag{2.2.5}$$

其中

$$c_{ij}=\sum_{k=1}^{s}{}_{\mathcal{B}}a_{ik}\times_{\mathcal{B}}b_{kj}. \tag{2.2.6}$$

(iii) 设 $A=(a_{ij})\in\mathcal{B}_{n\times n}$，则

$$A^{(k)}=\underbrace{A\times_{\mathcal{B}}A\times_{\mathcal{B}}\cdots\times_{\mathcal{B}}A}_{k}. \tag{2.2.7}$$

定义 2.2.3　考虑布尔控制网络(2.1.16)，定义

$$T:=\sum_{i=1}^{2^m}{}_{\mathcal{B}}L\delta_{2^m}^{i}, \tag{2.2.8}$$

称 $T\in\mathcal{B}_{2^n\times 2^n}$ 为布尔控制网络(2.1.16)的状态转移矩阵. 进一步地，定义布尔控制网络(2.1.16)的能控性矩阵如下：

$$C:=\sum_{i=1}^{2^n}{}_{\mathcal{B}}T^{(i)}. \tag{2.2.9}$$

2.2.5　布尔控制网络的能控性判据

定理 2.2.2　考虑布尔控制网络(2.1.15)，其状态空间表达式为(2.1.16)，设(2.1.16)的能控性矩阵为 $C=(c_{ij})$. 设 $X^0,X^d\in\mathcal{D}^n$ 为布尔控制网络(2.1.15)的

两个状态向量，相应地其向量形式 $\boldsymbol{x}^0=\boldsymbol{\delta}_{2^n}^j$，$\boldsymbol{x}^d=\boldsymbol{\delta}_{2^n}^i$ 为布尔控制网络(2.1.16)的两个状态向量，则有

(i) 布尔控制网络(2.1.15)可以从 $\boldsymbol{X}^0$ 控制到 $\boldsymbol{X}^d$，当且仅当

$$c_{ij}=1. \tag{2.2.10}$$

(ii) 布尔控制网络(2.1.15)在 $\boldsymbol{X}^0$ 可控，当且仅当

$$\mathrm{Col}_j(\mathcal{C})=\mathbf{1}_{2^n}. \tag{2.2.11}$$

(iii) 布尔控制网络(2.1.15)到 $\boldsymbol{X}^d$ 可达，当且仅当

$$\mathrm{Row}_i(\mathcal{C})=\mathbf{1}_{2^n}^{\mathrm{T}}. \tag{2.2.12}$$

(iv) 布尔控制网络(2.1.15)可控，当且仅当

$$\mathcal{C}=\mathbf{1}_{2^n\times 2^n}. \tag{2.2.13}$$

2.2.6 布尔控制网络的集合能控性

考虑布尔控制网络(2.1.15)，其节点集合为 $N=\{1,2,\cdots,n\}$，状态集合为 2^N，设 P^0 和 P^d 为两个状态子集的集合，记作

$$P^0:=\{s_1^0,s_2^0,\cdots,s_\alpha^0\},\quad P^d:=\{s_1^d,s_2^d,\cdots,s_\beta^d\}, \tag{2.2.14}$$

其中，$s_i^0\subset 2^N(i=1,2,\cdots,\alpha)$，$s_j^d\subset 2^N(j=1,2,\cdots,\beta)$均为状态集合的子集，$P^0$ 称为初始集合集，P^d 称为目标集合集. 集合能控性的定义如下：

定义 2.2.4 考虑布尔控制网络(2.1.15)以及式(2.2.14)所给定的初始集合集与目标集合集.

(i) 如果存在 $x^0\in s_j^0$ 及 $x^d\in s_i^d$，使得布尔控制网络(2.1.15)可以从状态 x^0 控制到状态 x^d，则称布尔控制网络(2.1.15)从 $s_j^0\in P^0$ 到 $s_i^d\in P^d$ 集合能控.

(ii) 如果对任何的 $s_i^d\in P^d$，布尔控制网络(2.1.15)从 $s_j^0\in P^0$ 到 $s_i^d\in P^d$ 均集合能控，则称布尔控制网络(2.1.15)在 $s_j^0\in P^0$ 集合能控.

(iii) 如果对任何的 $s_j^0\in P^0$，布尔控制网络(2.1.15)从 $s_j^0\in P^0$ 到 $s_i^d\in P^d$ 均集合能控，则称布尔控制网络(2.1.15)到 $s_i^d\in P^d$ 集合能控.

(iv) 如果布尔控制网络(2.1.15)从任何 $s_j^0\in P^0$ 到任何 $s_i^d\in P^d$ 均集合能控，则称布尔控制网络(2.1.15)从 P^0 到 P^d 完全集合能控.

为了研究布尔控制网络的集合能控性，我们需要采用集合的向量或矩阵进行刻画.

定义 2.2.5 设 $W=\{\omega_1,\omega_2,\cdots,\omega_n\}$ 为一有限集合.

(i) 若 $s\subset W$，s 的示性向量(记作 $\mathbf{V}(s)\in\mathbb{R}^n$)的定义如下：

$$(\mathbf{V}(s))_i=\begin{cases}1, & \omega_i\in s,\\ 0, & \omega_i\notin s.\end{cases} \tag{2.2.15}$$

(ii) 设 $P=\{s_1,s_2,\cdots,s_r\}\subset 2^W$，即 $s_i\subset W(i=1,2,\cdots,r)$. P 的示性矩阵（记作 $\boldsymbol{J}(P)\in\mathcal{B}_{n\times r}$）的定义为

$$\boldsymbol{J}(P)=[\mathbf{V}(s_1),\mathbf{V}(s_2),\cdots,\mathbf{V}(s_r)]. \tag{2.2.16}$$

考察由布尔控制网络(2.1.15)所给定的初始集合集与目标集合集，记

$$\boldsymbol{J}(P^0):=\boldsymbol{J}_0,\quad \boldsymbol{J}(P^d)=\boldsymbol{J}_d,$$

集合能控性矩阵（记作 $\mathcal{C}_S$）的定义如下：

$$\mathcal{C}_S:=\boldsymbol{J}_{\mathrm{d}}^{\mathrm{T}}\times_{\mathcal{B}}\mathcal{C}\times_{\mathcal{B}}\boldsymbol{J}_0\in\mathcal{B}_{\beta\times\alpha}, \tag{2.2.17}$$

其中，$\mathcal{C}$ 是布尔控制网络(2.1.15)的代数状态空间表示的能控性矩阵.

类似于能控性与能控性矩阵的关系，不难证明集合能控性与集合能控性矩阵有如下关系：

定理 2.2.3　考察布尔控制网络(2.1.15)以及式(2.2.14)所给定的初始集合集与目标集合集，其相应的集合能控性矩阵 $\mathcal{C}_S=(c_{ij})$ 由式(2.2.17)定义，那么

(i) 布尔控制网络(2.1.15)从 s_j^0 到 s_i^d 集合能控，当且仅当 $c_{ij}=1$.

(ii) 布尔控制网络(2.1.15)在 s_j^0 集合能控，当且仅当 $\mathrm{Col}_j(\mathcal{C}_S)=\mathbf{1}_\beta$.

(iii) 布尔控制网络(2.1.15)到 s_i^d 集合能控，当且仅当 $\mathrm{Row}_i(\mathcal{C}_S)=\mathbf{1}_\alpha^{\mathrm{T}}$.

(iv) 布尔控制网络(2.1.15)从 P^0 到 P^d 完全集合能控，当且仅当 $\mathcal{C}_S=\mathbf{1}_{\alpha\times\beta}$.

2.3　习题与思考题

2.3.1　习　题

(1) 证明德摩根(De Morgan)定律：

$$\begin{cases}\neg(x\wedge y)=(\neg x)\vee(\neg y),\\ \neg(x\vee y)=(\neg x)\wedge(\neg y).\end{cases} \tag{2.3.1}$$

(2) 考虑逻辑函数

$$f(x,y,z)=(x\leftrightarrow y)\vee(\neg z). \tag{2.3.2}$$

(i) 给出 f 的真值表；

(ii) 给出 f 的结构矩阵 $\boldsymbol{M}_f$；

(iii) 计算 f 的析取范式；

(iv) 计算 f 的合取范式.

(3) 计算如下布尔网络的不动点和极限环：

(i)

$$\begin{cases} x_1(t+1)=x_2(t), \\ x_2(t+1)=x_1(t). \end{cases} \tag{2.3.3}$$

(ii)

$$\begin{cases} x_1(t+1)=x_2(t), \\ x_2(t+1)=x_1(t)\bar{\vee}x_3(t), \\ x_3(t+1)=\neg x_1(t). \end{cases} \tag{2.3.4}$$

(iii)

$$\begin{cases} x_1(t+1)=x_2(t)\wedge x_3(t), \\ x_2(t+1)=(\neg x_3(t))\leftrightarrow x_4(t), \\ x_3(t+1)=\neg x_4(t), \\ x_4(t+1)=x_1(t)\bar{\vee}x_2(t). \end{cases} \tag{2.3.5}$$

(4) 考虑布尔控制网络

$$\begin{cases} x_1(t+1)=x_2(t)\wedge x_3(t), \\ x_2(t+1)=(\neg x_3(t))\leftrightarrow x_4(t), \\ x_3(t+1)=\neg x_4(t), \\ x_4(t+1)=x_1(t)\bar{\vee}x_2(t), \end{cases} \tag{2.3.6}$$

$$\begin{cases} y_1=x_1\vee x_4, \\ y_2=\neg(x_3\leftrightarrow x_4), \end{cases}$$

给出它的状态空间表达式.

(5) 考虑如下系统的能控性：

$$\begin{cases} x_1(t+1)=x_2(t)\wedge u(t), \\ x_2(t+1)=x_3(t), \\ x_3(t+1)=\neg u_1(t). \end{cases} \tag{2.3.7}$$

(6) 如下系统是否一定能控？

$$
\begin{cases}
x_1(t+1)=x_2(t),\\
x_2(t+1)=x_3(t),\\
\cdots\cdots\\
x_{n-1}(t+1)=x_n(t),\\
x_n(t+1)=u(t).
\end{cases}
\tag{2.3.8}
$$

2.3.2 思考题

一个侦探正在调查一起谋杀案，已知他有如下线索：

(i) 有 80％的可能 A 或 B 是杀人犯；

(ii) 如果 A 是杀人犯，谋杀发生在午夜之前；

(ii) 如果 B 的供词可信，午夜时谋杀现场屋子的灯开着；

(iv) 如果 B 撒谎，很可能谋杀发生在午夜之前；

(v) 有证据断定，午夜时现场灯是关着的.

谁是可能的杀人犯？请给出你的结论.（提示：设置六值逻辑，即不可能、很不可能、80％不可能、80％可能、很可能、肯定.）

第 3 章　有限博弈

> 对于一般生命形式，特别是人类，博弈论是理解其动态变化的一个关键. 生物不仅参与博弈，还会动态地改变其参与的博弈，并因而演化出其独特的个性.
>
> ——金迪斯:《理性的边界:博弈论与各门行为科学的统一》

3.1　基础知识

3.1.1　有限博弈的数学模型

定义 3.1.1　一个有限非合作博弈 G 由一个三元组(N,S,C) 决定，其中

(i) $N=\{1,2,\cdots,n\}$为玩家集合，即该博弈有 n 个玩家；

(ii) $S=\prod_{i=1}^{n} S_i$ 为局势(profile)集，其中 $S_i=\{1,2,\cdots,k_i\}$是玩家 i 的策略集，即第 i 个玩家有 k_i 个可选策略，$i=1,2,\cdots,n$；

(iii) $C=(c_1,c_2,\cdots,c_n)$，其中 $c_i:S\to\mathbb{R}$是玩家 i 的支付函数(payoff function)，$i=1,2,\cdots,n$.

本章只讨论非合作博弈，为简单起见，本章将有限非合作博弈简称为有限博弈，$s\in S$ 称为博弈的一个局势. 通常二人博弈可以用一个支付双矩阵表示. 设 G 为一个二人博弈，玩家 P_1 有 m 个策略，即 $S_1=\{1,2,\cdots,m\}$，玩家 P_2 有 n 个策略，即 $S_2=\{1,2,\cdots,n\}$，那么，支付双矩阵见表 3.1.1. 在表 3.1.1 中，不同的行代表玩家 P_1 的不同策略，不同的列代表玩家 P_2 的不同策略. 在双矩阵中

$$a_{ij}=c_1(s_1=i,s_2=j),\quad b_{ij}=c_2(s_1=i,s_2=j),$$
$$i=1,2,\cdots,m;j=1,2,\cdots,n.$$

表 3.1.1　支付双矩阵

P_1	P_2			
	1	2	…	n
1	a_{11},b_{11}	a_{12},b_{12}	…	a_{1n},b_{1n}
2	a_{21},b_{21}	a_{22},b_{22}	…	a_{2n},b_{2n}
⋮				
m	a_{m1},b_{m1}	a_{m2},b_{m2}	…	a_{mn},b_{mn}

例 3.1.1　考察二人玩石头-剪刀-布游戏，记石头为 1，剪刀为 2，布为 3，且赢者得 1 分，输者失 1 分. 那么，支付双矩阵可表示为表 3.1.2.

表 3.1.2　石头-剪刀-布游戏的支付双矩阵

P_1	P_2		
	1	2	3
1	0,0	1,−1	−1,1
2	−1,1	0,0	1,−1
3	1,−1	−1,1	0,0

当 $n>2$ 时，如何用矩阵形式表示收益函数呢？实际上，可以按照顺序将收益排列成矩阵形式.

例 3.1.2　考察 3 人手心手背博弈，以 u 表示手心，以 d 表示手背. 游戏规则是：3 人中如果有一人和其他两人动作不同，则他的收益为 −2，其他人的收益为 1；如果 3 人动作相同，则收益为 0. 于是收益的支付矩阵形式可表示为表 3.1.3.

表 3.1.3　收益的支付矩阵

C	s							
	uuu	uud	udu	udd	duu	dud	ddu	ddd
c_1	0	1	1	−2	−2	1	1	0
c_2	0	1	−2	1	1	−2	1	0
c_3	0	−2	1	1	1	1	−2	0

3.1.2 纳什均衡

纳什均衡是非合作博弈理论中最重要的一个概念,有的教科书中直接将纳什均衡点称为非合作博弈的解. 下面首先介绍纳什均衡点的概念.

定义 3.1.2 考察一个 n 人有限博弈 G. 如果一个局势 $s^*=(s_1^*,s_2^*,\cdots,s_n^*)$满足

$$c_i(s^*)\geqslant c_i(s_i,s_{-i}^*),\quad s_i\in S_i,\quad i=1,2,\cdots,n, \tag{3.1.1}$$

其中 $s_{-i}\in\prod_{j\neq i}S_j$,则称该局势为 G 的一个纯纳什均衡点.

与优化问题不同,非合作博弈中的每一个玩家都很难达到自己的最优值(为简单计,约定为最大值). 因此,非合作博弈的目标并不是寻找每一个玩家的最优解,而是寻找大家都能接受的解. 纳什均衡点就是这样一种解. 由定义不难看出,如果其他人的策略不变,则没有人能够通过单独改变自己的策略而获利. 因此,纳什均衡点成为一种局势的平衡点,或者说,在某种"妥协"下的共同次优解. 下面通过一个例子来说明什么是纳什均衡点.

例 3.1.3 [囚徒困境(prisoners' dilemma)] 两个共谋犯罪的囚徒分别受审,各有两种策略:招供、拒供. 其结果表示为支付双矩阵见表 3.1.4.

表 3.1.4 囚徒困境的支付双矩阵

P_1	P_2	
	拒供	招供
拒供	$-1,-1$	$-9,\underline{0}$
招供	$\underline{0},-9$	$\underline{-6},\underline{-6}$

从支付双矩阵中不难找出纯纳什均衡点,操作如下:考虑每一列,找出玩家 1 的最佳支付值,在其下画一线;再考虑每一行,找出玩家 2 的最佳支付值,在其下画一线. 如果某一个局势中两个支付值下面均有线,那么,这个局势就是纯纳什均衡点. 在表 3.1.4 中进行上述操作,则可知(招供,招供)为纯纳什均衡点.

那么,是否一个有限博弈一定有纯纳什均衡点呢? 答案是否定的,我们通过下面的例子来说明这一点.

例 3.1.4 考察石头-剪刀-布游戏,其支付双矩阵见表 3.1.5.

表 3.1.5 石头-剪刀-布游戏的支付双矩阵

P_1	P_2		
	石头	布	剪刀
石头	0,0	$-1,\underline{1}$	$\underline{1},-1$
布	$\underline{1},-1$	0,0	$-1,\underline{1}$
剪刀	$-1,\underline{1}$	$\underline{1},-1$	0,0

利用上述择优操作在表 3.1.5 中画线，不难发现该博弈没有纯纳什均衡点.

假如玩家不止两个，则无法用支付双矩阵表示支付. 这时我们在支付矩阵中使用选优画线的方法仍然可以找到其纯纳什均衡点(如果存在). 我们通过下面的例子来说明.

例 3.1.5 考察一个有限博弈 $G=(N,S,C)$，其中，$N=\{1,2,3\}$，$S_1=\{1,2,3\}$，$S_2=\{1,2\}$，$S_3=\{1,2,3\}$. 其支付矩阵见表 3.1.6.

表 3.1.6 例 3.1.5 的支付矩阵

C	s																	
	111	112	113	121	122	123	211	212	213	221	222	223	311	312	313	321	322	323
c_1	1	$\underline{2}$	-1	-2	0	1	-2	1	$\underline{1}$	$\underline{1}$	0	$\underline{2}$	$\underline{3}$	$\underline{2}$	$\underline{1}$	-1	$\underline{2}$	-2
c_2	2	$\underline{3}$	$\underline{4}$	$\underline{3}$	2	1	$\underline{3}$	2	$\underline{2}$	2	$\underline{3}$	1	3	2	$\underline{4}$	$\underline{5}$	$\underline{3}$	1
c_3	-2	-1	$\underline{0}$	-4	$\underline{-2}$	-3	-3	-2	$\underline{0}$	-1	-1	$\underline{0}$	$\underline{0}$	-3	-3	-2	$\underline{-1}$	$\underline{-1}$

考察 c_1，比较相同的 s_{-1} 下不同的 $s_1\in S_1$ 得到的最优 c_1，在 c_1 行的这种策略下画线. 例如，比较 111，211 和 311 时，$s_{-1}=(1,1)$. 因为 $c_1(111)=1$，$c_1(211)=-2$，$c_1(311)=3$，即

$$c_1(311)=\max_{s_1\in S_1} c_1(s_1,1,1),$$

那么，我们就在 c_1 行的 311 下画线. 类似地，对每个 $s_{-1}\in S_{-1}$，都可以找到 c_1 的最优值. 用同样的方法，也可以找到对每个 $s_{-2}\in S_{-2}$ 的 c_2 的最优值，以及对每个 $s_{-3}\in S_{-3}$ 的 c_3 的最优值. 最后，如果某一列各行的值都画了线，这一列所对应的局势就是纯纳什均衡点.

在表 3.1.6 中进行上述操作，不难看出，这个博弈有两个纯纳什均衡点，它们分别是(2,1,3)和(3,2,2).

前面的几个例子说明,一个有限博弈既可能没有纯纳什均衡点,也可能有多个纯纳什均衡点.

3.1.3 混合策略与纳什定理

由例 3.1.4 我们知道,石头-剪刀-布游戏中没有纯纳什均衡点. 根据直觉或者平时游戏的经验可知:最好的策略是每次以相同的概率随机选取一个策略,即以 1/3 的概率选石头,1/3 的概率选剪刀,1/3 的概率选布. 这种策略就称为混合策略.

定义 3.1.3 给定一个 n 人有限博弈. 第 i 个玩家的一个混合策略 $x^i=(x_1^i,x_2^i,\cdots,x_{k_i}^i)$ 是一个概率分布,其中 $x_j^i\geqslant 0$,且 $\sum_{j=1}^{k_i}x_j^i=1$,其物理意义为,第 i 个玩家以概率 x_j^i 选取第 j 个策略.

记 Υ_k 为 k 个变量的概率分布集合,即

$$\Upsilon_k:=\left\{(x_1,x_2\cdots,x_k)\in\mathbb{R}^k \mid x_j\geqslant 0,\sum_{j=1}^{k}x_j=1\right\},\qquad(3.1.2)$$

于是,第 i 个玩家的混合策略集合为 $\bar{S}_i=\Upsilon_{k_i}(i=1,2,\cdots,n)$,且相应的混合局势为

$$\bar{S}=\prod_{i=1}^{n}\bar{S}_i.$$

为区别混合策略与 $s_i\in S_i$,我们将 $s_i\in S_i$ 称为纯策略.

当玩家使用混合策略时,其对应的支付也是随机变化的. 因此,我们必须用支付的期望值来反映混合策略所对应的支付. 为此我们设

$$\bar{S}_i=\{s_1^i,s_2^i,\cdots,s_{k_i}^i\},\quad i=1,2,\cdots,n.$$

那么,对 $x\in\bar{S}$,其收益为

$$E_i(x)=\sum_{j=1}^{k_i}c_i(s_j^i)x_j^i,\quad i=1,2,\cdots,n.\qquad(3.1.3)$$

考察有限博弈 $G=(N,S,C)$,设 $|N|=n$ 且 $|S_i|=k_i,i=1,2,\cdots,n$,则所有这种博弈的集合记作 $\mathcal{G}_{[n;k_1,k_2,\cdots,k_n]}$. 当 $k_1=k_2=\cdots=k_n:=k$ 时,这类集合 $\mathcal{G}_{[n;k,k,\cdots,k]}$ 简记为 $\mathcal{G}_{[n;k]}$.

定义 3.1.4 考察一个有限博弈 $G\in\mathcal{G}_{[n;k_1,k_2,\cdots,k_n]}$. 如果一个混合局势 x^* 满足

$$E_i(x^*)\geqslant E_i(x_{-i}^*,x^i),\quad\forall x^i\in\bar{S}_i,\quad i=1,2,\cdots,n,\qquad(3.1.4)$$

则称其为 G 的一个混合纳什均衡点.

下面的定理是博弈论中最重要的结论之一.

定理 3.1.1(纳什定理)[8] 一个有限博弈 $G\in\mathcal{G}_{[n;k_1,k_2,\cdots,k_n]}$ 至少具有一个纳什均衡点,这个均衡点可能是混合纳什均衡点.

通常情况下,计算混合纳什均衡点不是一件很容易的事情,对于有限博弈,线性规划是一种有效方法.下面的例子表明,在一些简单情况下,混合纳什均衡点可直接通过寻优的方法找到.

例 3.1.6 考虑例 3.1.4 中的石头-剪刀-布游戏,设玩家 1 的混合策略为 $x_1=(p_1,p_2,1-p_1-p_2)$,玩家 2 的混合策略为 $x_2=(q_1,q_2,1-q_1-q_2)$,则有

$$\begin{cases}E_1(x_1,x_2)=p_1q_2-p_1(1-q_1-q_2)-p_2q_1+p_2(1-q_1-q_2)\\ \qquad +(1-p_1-p_2)q_1-(1-p_1-p_2)q_2,\\ E_2(x_1,x_2)=-p_1q_2+p_1(1-q_1-q_2)+p_2q_1-p_2(1-q_1-q_2)\\ \qquad -(1-p_1-p_2)q_1+(1-p_1-p_2)q_2.\end{cases} \tag{3.1.5}$$

由于纳什均衡点是在固定策略下玩家对对手们的最佳响应,于是有

$$\begin{cases}\dfrac{\partial E_1}{\partial p_1}=0,\quad \dfrac{\partial E_1}{\partial p_2}=0;\\ \dfrac{\partial E_2}{\partial q_1}=0,\quad \dfrac{\partial E_2}{\partial q_2}=0.\end{cases} \tag{3.1.6}$$

式(3.1.6)的唯一解为

$$p_1=p_2=q_1=q_2=1/3.$$

因此,$x_1^*=x_2^*=(1/3,1/3,1/3)$是石头-剪刀-布游戏唯一的混合纳什均衡点.

3.1.4 伪逻辑函数与博弈

定义 3.1.5 设 $x_i\in\mathcal{D}_{k_i}\ (i=1,2,\cdots,n)$,则称函数 $f:\prod_{i=1}^{n}\mathcal{D}_{k_i}\to\mathbb{R}$ 为一个伪逻辑函数.如果对任意的 i 都有 $k_i=2$,则伪逻辑函数称为伪布尔函数.

利用向量表达式 $\boldsymbol{x}_i\in\Delta_{k_i}\ (i=1,2,\cdots,n)$,伪逻辑函数 f 有一个矩阵表示形式,由下面的命题给出.

命题 3.1.1 设 $f:\prod_{i=1}^{n}\mathcal{D}_{k_i}\to\mathbb{R}$ 为一个伪逻辑函数,则存在唯一的行向量 $\mathbf{V}_f\in\mathbb{R}^k$(称为 f 的结构向量),使得在向量形式下有

$$f(x_1,x_2,\cdots,x_n)\sim\mathbf{V}_f\ltimes_{i=1}^{n}\boldsymbol{x}_i, \tag{3.1.7}$$

这里 $k=\prod_{i=1}^{n}k_i$.

证明 伪逻辑函数的结构向量与逻辑函数结构矩阵的道理是一样的，只需将每一列所对应的逻辑函数值改成对应的伪逻辑函数值即可. □

给定一个有限博弈 $G=(N,S,C)$，其中 $|N|=n$，$|S_i|=k_i(i=1,2,\cdots,n)$，那么，每一个 c_i 都是局势的伪逻辑函数. 根据命题 3.1.1，每个 c_i 都存在一个结构向量 $\mathbf{V}_i^c\in\mathbb{R}^k(k=\prod_{i=1}^{n}k_i)$，使得

$$c_i(x_1,x_2,\cdots,x_n)\sim\mathbf{V}_i^c\ltimes_{i=1}^{n}\boldsymbol{x}_i,\quad x_i\in S_i,\quad i=1,2,\cdots,n. \tag{3.1.8}$$

实际上，如果 G 的支付矩阵的第 i 行玩家 i 的支付函数为 c_i，那么，第 i 行就是 c_i 的结构向量 $\mathbf{V}_i^c$.

下面给出几个简单的例子.

例 3.1.7 以下是几个常见的简单博弈的例子.

(i) 性别之战：一对情侣准备进行一次约会，男孩(玩家 1)想去看足球赛，女孩(玩家 2)想去听音乐会. 当然他们都希望能在一起. 于是，这场博弈的支付双矩阵可表示为表 3.1.7.

表 3.1.7 性别之战的支付双矩阵

男孩	女孩	
	看足球赛	听音乐会
看足球赛	2,1	0,0
听音乐会	0,0	1,2

如果将支付函数表示成伪逻辑函数，则有

$$\begin{cases}c_1(\boldsymbol{x}_1,\boldsymbol{x}_2)=\mathbf{V}_1^c\boldsymbol{x}_1\boldsymbol{x}_2=[2,0,0,1]\boldsymbol{x}_1\boldsymbol{x}_2,\\ c_2(\boldsymbol{x}_1,\boldsymbol{x}_2)=\mathbf{V}_2^c\boldsymbol{x}_1\boldsymbol{x}_2=[1,0,0,2]\boldsymbol{x}_1\boldsymbol{x}_2.\end{cases} \tag{3.1.9}$$

(ii) 智猪博弈：猪圈里有一个控制器，每按一下可提供 10 kg 食物，控制器离食糟较远，按一次要消耗 2 kg 食物，去按控制器者必然后吃. 设大猪先吃，则大、小猪各吃 9 kg 与 1 kg；设小猪先吃，则大、小猪各吃 6 kg 与 4 kg；设同时开始吃，则大、小猪各吃 7 kg 与 3 kg. 那么，支付双矩阵可表示为表 3.1.8.

表 3.1.8　智猪博弈的支付双矩阵

大猪	小猪	
	按控制器	等待
按控制器	5,1	4,4
等待	9,−1	0,0

如果将支付函数表示成伪逻辑函数,则有

$$\begin{cases} c_1(\boldsymbol{x}_1,\boldsymbol{x}_2)=\boldsymbol{V}_1^c\boldsymbol{x}_1\boldsymbol{x}_2=[5,4,9,0]\boldsymbol{x}_1\boldsymbol{x}_2, \\ c_2(\boldsymbol{x}_1,\boldsymbol{x}_2)=\boldsymbol{V}_2^c\boldsymbol{x}_1\boldsymbol{x}_2=[1,4,-1,0]\boldsymbol{x}_1\boldsymbol{x}_2. \end{cases} \tag{3.1.10}$$

(iii) 猎鹿博弈:两个猎人正在围堵一只鹿时,突然出现一群兔子. 若二人合作,则可抓到鹿,卖鹿后每人可得 10 元;若两人都去抓兔子,则每人可得 4 元;若一人去抓兔子,一人去猎鹿,则抓兔子者可得 4 元,猎鹿者一无所获,得 0 元. 那么,支付双矩阵可表示为表 3.1.9.

表 3.1.9　猎鹿博弈的支付双矩阵

甲猎人	乙猎人	
	抓兔子	猎鹿
抓兔子	4,4	4,0
猎鹿	0,4	10,10

如果将支付函数表示成伪逻辑函数, 则有

$$\begin{cases} c_1(\boldsymbol{x}_1,\boldsymbol{x}_2)=\boldsymbol{V}_1^c\boldsymbol{x}_1\boldsymbol{x}_2=[4,4,0,10]\boldsymbol{x}_1\boldsymbol{x}_2, \\ c_2(\boldsymbol{x}_1,\boldsymbol{x}_2)=\boldsymbol{V}_2^c\boldsymbol{x}_1\boldsymbol{x}_2=[4,0,4,10]\boldsymbol{x}_1\boldsymbol{x}_2. \end{cases} \tag{3.1.11}$$

(iv) 田忌赛马:田忌与齐王赛马,两人各有上、中、下三等马各一匹,分别记作 t_1,t_2,t_3 和 q_1,q_2,q_3. 若 $q_1>t_1>q_2>t_2>q_3>t_3$(这里$>$表示速度快),共赛三场,且二人可选择各自三匹马的出场顺序. 每场比赛输者付给赢者千金,那么,支付双矩阵可表示为表 3.1.10.

表 3.1.10　田忌赛马的支付双矩阵

齐王	田忌					
	1-2-3	1-3-2	2-1-3	2-3-1	3-1-2	3-2-1
1-2-3	3,−3	1,−1	1,−1	1,−1	−1,1	1,−1

续表

齐王	田忌					
	1-2-3	1-3-2	2-1-3	2-3-1	3-1-2	3-2-1
1-3-2	1,−1	3,−3	1,−1	1,−1	1,−1	−1,1
2-1-3	1,−1	−1,1	3,−3	1,−1	1,−1	1,−1
2-3-1	−1,1	1,−1	1,−1	3,−3	1,−1	1,−1
3-1-2	1,−1	1,−1	1,−1	−1,1	3,−3	1,−1
3-2-1	1,−1	1,−1	−1,1	1,−1	1,−1	3,−3

如果将支付函数表示成伪逻辑函数,则有

$$\begin{cases} c_1(\boldsymbol{x}_1,\boldsymbol{x}_2)=\boldsymbol{V}_1^c\boldsymbol{x}_1\boldsymbol{x}_2 \\ \qquad =[3,1,1,1,-1,1,1,3,1,1,1,-1,1,-1,3,1,1,1, \\ \qquad\quad -1,1,1,3,1,1,1,1,1,-1,3,1,1,1,-1,1,1,3]\boldsymbol{x}_1\boldsymbol{x}_2, \\ c_2(\boldsymbol{x}_1,\boldsymbol{x}_2)=\boldsymbol{V}_2^c\boldsymbol{x}_1\boldsymbol{x}_2 \\ \qquad =[-3,-1,-1,-1,1,-1,-1,-3,-1,-1,-1,1,-1,1, \\ \qquad\quad -3,-1,-1,-1,1,-1,-1,-3,-1,-1,-1,-1,-1,1, \\ \qquad\quad -3,-1,-1,-1,1,-1,-1,-3]\boldsymbol{x}_1\boldsymbol{x}_2. \end{cases} \tag{3.1.12}$$

考察一个博弈 $G\in\mathcal{G}_{[n;k_1,k_2,\cdots,k_n]}$,设其支付函数的结构向量为 $\boldsymbol{V}_i^c(i=1,2,\cdots,n)$,将所有结构向量依顺序排成一行,记为

$$\boldsymbol{V}_G:=[\boldsymbol{V}_1^c,\boldsymbol{V}_2^c,\cdots,\boldsymbol{V}_n^c]\in\mathbb{R}^k, \tag{3.1.13}$$

其中 $k=\prod_{i=1}^{n}k_i$,则称 $\boldsymbol{V}_G$ 为博弈 G 的结构向量.

因为每个博弈都是由其支付函数唯一确定的,所以每个博弈都由其博弈支付函数的结构向量唯一确定. 因此,博弈集合 $\mathcal{G}_{[n;k_1,k_2,\cdots,k_n]}$ 同构于向量空间 $\mathbb{R}^k$.

例 3.1.8 考虑例 3.1.7.

(i) 性别之战(G_1)、智猪博弈(G_2)和猎鹿博弈(G_3) 均属于 $\mathcal{G}_{[2;2]}$,其结构向量分别为

$$\boldsymbol{V}_{G_1}=[2,0,0,1,1,0,0,2],$$
$$\boldsymbol{V}_{G_2}=[5,4,9,0,1,4,-1,0],$$
$$\boldsymbol{V}_{G_3}=[4,4,0,10,4,0,4,10].$$

(ii) 田忌赛马(G_4)属于 $\mathcal{G}_{[2;6]}$,其结构向量为

$$
\begin{aligned}
\boldsymbol{V}_{G_4}=[&3,1,1,1,-1,1,1,3,1,1,1,-1,\\
&1,-1,3,1,1,1,-1,1,1,3,1,1,\\
&1,1,1,-1,3,1,1,1,-1,1,1,3,\\
&-3,-1,-1,-1,1,-1,-1,-3,-1,-1,-1,1,\\
&-1,1,-3,-1,-1,-1,1,-1,-1,-3,-1,-1,\\
&-1,-1,-1,1,-3,-1,-1,-1,1,-1,-1,-3].
\end{aligned}
$$

3.2 进阶导读

3.2.1 势博弈

势博弈的概念是 Rosenthal[9] 在 1973 年提出的. 此后,对该理论及其应用的研究发展得很快. 在理论研究方面,Monderer 与 Shapley[10] 对势博弈的性质与判定进行了较系统的讨论,还有关于有限势博弈的判定的研究[11-13],以及基于势博弈的有限博弈空间分解的研究[14,15],等等. 势博弈的应用更是多方面的,如电力系统优化[16]、通信网站的分布[17]、道路拥塞控制[18]等.

特别地,势博弈是博弈控制论的核心[19]. 实际上,在优化问题中,势函数起着类似于动力系统中的李雅普诺夫函数的作用.

3.2.1.1 势博弈及其基本性质

定义 3.2.1 设 $G=(N,S,C)$ 为一个有限博弈,其中 $N=\{1,2,\cdots,n\}$ 为玩家集合,$S=\prod_{i=1}^{n} S_i$ 为局势集合,$S_i=\{1,2,\cdots,k_i\}$ 为第 i 个玩家的策略集合,$C=(c_1,c_2,\cdots,c_n)$ 为支付函数集合,其中 c_i 为玩家 i 的支付函数.

(i) 如果存在一个函数 $P:S\to\mathbb{R}$ (称作势函数),使得对每个 i,每一组 x_i,$y_i\in S_i$ 和每个 $s_{-i}\in S_{-i}$ 均有

$$
c_i(x_i,s_{-i})-c_i(y_i,s_{-i})>0\Leftrightarrow P(x_i,s_{-i})-P(y_i,s_{-i})>0, \quad (3.2.1)
$$

则称 G 为一个泛势博弈(ordinal potential game).

(ii) 如果存在一组正数 $\{w_i>0\,|\,i=1,2,\cdots,n\}$ (称为权重)和一个函数 $P:S\to\mathbb{R}$ (称为加权势函数),使得对每个 i,每一组 x_i,$y_i\in S_i$ 和每一个 $s_{-i}\in S_{-i}$ 均有

$$c_i(x_i, s_{-i}) - c_i(y_i, s_{-i}) = w_i[P(x_i, s_{-i}) - P(y_i, s_{-i})], \quad (3.2.2)$$

则称 G 为一个加权势博弈(weighted potential game).

(iii) 如果 G 是一个加权势博弈,且所有权重均为 1,即对每一个 i 都有 $w_i = 1$,则称 G 为一个(纯)势博弈(pure potential game). 相应的函数 P 称为(纯)势函数.

注意,泛势博弈、加权势博弈和(纯)势博弈之间显然有如下蕴涵关系:

(纯)势博弈⊂加权势博弈⊂泛势博弈.

下面讨论势博弈的一些主要性质:

命题 3.2.1 如果 G 是势博弈,那么,在容许一个常数差的意义下,势函数 P 是唯一的. 换言之,如果 P_1 和 P_2 为 G 的两个势函数,则存在一个常数 $c_0 \in \mathbb{R}$,使得

$$P_1(s) - P_2(s) = c_0, \quad \forall s \in S. \quad (3.2.3)$$

证明 设 P_1, P_2 为两个势函数,由定义可知

$$\begin{aligned} c_i(x_i, x_{-i}) - c_i(x_i', x_{-i}) &= P_1(x_i, x_{-i}) - P_1(x_i', x_{-i}) \\ &= P_2(x_i, x_{-i}) - P_2(x_i', x_{-i}), \end{aligned}$$

于是有

$$P_1(x_i, x_{-i}) - P_2(x_i, x_{-i}) = P_1(x_i', x_{-i}) - P_2(x_i', x_{-i}). \quad (3.2.4)$$

式(3.2.4)说明,P_1 与 P_2 的差与 x_i 无关,又因为 i 是任选的,可见这个差与任何变量均无关,故为常数. □

命题 3.2.2 如果 G 是势博弈,P 是 G 的势函数,s^* 为势函数的一个极大值点,那么,s^* 是 G 的一个纳什均衡点.

证明 由于 s^* 为势函数 P 的一个极大值点,因此,对任意的 x_i 均有

$$c_i(s^*) - c_i(x_i, s_{-i}^*) = P_i(s^*) - P_i(x_i, s_{-i}^*) \geqslant 0,$$

由纳什均衡点的定义可知,s^* 为纳什均衡点. □

由上述命题可知,势博弈必有纳什均衡点.

下面的推论是显然的.

推论 3.2.1 如果 G 是有限势博弈,由它依串联短视最优响应(myopic best response adjustment, MBRA)更新方式形成演化博弈,则该演化博弈收敛于一个纳什均衡点.

证明 根据势博弈的定义,串联 MBRA 的每一步更新都会使势函数增加. 但所有局势是有限的,在有限步后一定会达到极大值点. □

我们熟知,无论是在力学中还是在电场中,势函数在闭路上的增量均为零. 下面的命题显示了博弈中势函数的类似性质. 依此也可以检验一个博弈是否为势博弈.

命题 3.2.3　一个博弈 G 是势博弈,当且仅当对每一对玩家 i,j,选择任何一个 $a\in S_{-\{i,j\}}$,一对 $x_i,y_i\in S_i$ 和一对 $x_j,y_j\in S_j$,均有

$$c_i(B)-c_i(A)+c_j(C)-c_j(B)+c_i(D)-c_i(C)+c_j(A)-c_j(D)=0, \tag{3.2.5}$$

其中,$A=(x_i,x_j,a)$,$B=(y_i,x_j,a)$,$C=(y_i,y_j,a)$,$D=(x_i,y_j,a)$(参见图 3.2.1).

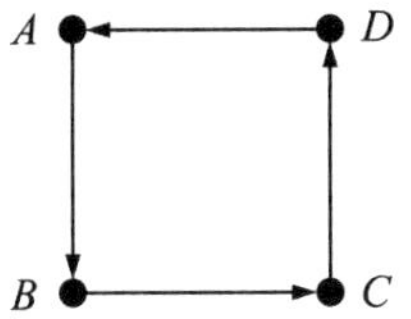

图 3.2.1　势函数的闭回路增量

注　关于势博弈的性质,即命题 3.2.1、命题 3.2.2、推论 3.2.1 及命题 3.2.3,可以平行地推广到加权势博弈的情形. 实际上,如果用 c_i/w_i 来代替支付函数 c_i,则加权势博弈即变为势博弈.

3.2.1.2　势方程

势博弈虽然在工程问题中作用很大,但是,检验一个博弈是否为势博弈长期以来未得到有效解决. 对于有限博弈,迭代的方法曾经是一个主要的检验方法[12,20]. 参考文献[12]中提到:"检验一个博弈是否为势博弈不是一件容易的事." 对于有限博弈,本节介绍的势方程方法将给出一个易于检验的闭式解. 对于连续博弈,至今还未有有效的检验方法.

下面推导(加权)势博弈所满足的基本方程,称为(加权)势方程.

引理 3.2.1　一个有限博弈 $G\in \mathcal{G}_{[n;k_1,k_2,\cdots,k_n]}$ 是加权势博弈,当且仅当存在:(i)$P(x_1,x_2,\cdots,x_n)$;(ii)$d_i(x_1,x_2,\cdots,\hat{x}_i,\cdots,x_n)$,$i=1,2,\cdots,n$,这里 $\hat{\ }$ 表示没有该项(即 d_i 与 x_i 无关);(iii)$w_i>0$,$i=1,2,\cdots,n$,使得

$$c_i(x_1,x_2,\cdots,x_n)=w_iP(x_1,x_2,\cdots,x_n)+d_i(x_1,x_2,\cdots,\hat{x}_i,\cdots,x_n), \tag{3.2.6}$$

其中 P 为加权势函数.

证明 充分性:设式(3.2.6)成立. 因为 d_i 不依赖于 x_i,则有

$$c_i(u,s_{-i})-c_i(v,s_{-i})=[w_iP(u,s_{-i})+d_i(s_{-i})]-[w_iP(v,s_{-i})+d_i(s_{-i})]$$
$$=w_i[P(u,s_{-i})-P(v,s_{-i})],\quad u,v\in S_i,s_{-i}\in S_{-i}.$$

必要性:令

$$d_i(x_1,x_2,\cdots,x_n):=c_i(x_1,x_2,\cdots,x_n)-w_iP(x_1,x_2,\cdots,x_n).$$

设 $u,v\in S_i$,利用式(3.2.6),可得

$$d_i(u,s_{-i})-d_i(v,s_{-i})=[c_i(u,s_{-i})-c_i(v,s_{-i})]-w_i[P(u,s_{-i})-P(v,s_{-i})]$$
$$=0.$$

因为 $u,v\in S_i$ 是任意的,所以 d_i 与 x_i 无关. □

将式(3.2.6)中的变量(即策略)用向量形式表示,则可得其状态空间表达式如下:

$$\boldsymbol{V}_i^c\ltimes_{j=1}^n\boldsymbol{x}_j=w_i\boldsymbol{V}_P\ltimes_{j=1}^n\boldsymbol{x}_j+\boldsymbol{V}_i^d\ltimes_{j\neq i}\boldsymbol{x}_j,\quad i=1,2,\cdots,n,\tag{3.2.7}$$

其中 $\boldsymbol{V}_i^c,\boldsymbol{V}_P\in\mathbb{R}^k\left(k=\prod_{i=1}^n k_i\right)$ 以及 $\boldsymbol{V}_i^d\in\mathbb{R}^{\frac{k}{k_i}}$ 都是行向量,是相应函数的结构向量.

因此,检验 G 是否为势博弈就等价于检验式(3.2.6)是否存在相应的 P 和 d_i. 这又等价于检验式(3.2.7)是否存在解 $\boldsymbol{V}_P$ 和 $\boldsymbol{V}_i^d$.

定义

$$\boldsymbol{E}_i:=\boldsymbol{I}_{\alpha_i}\otimes\boldsymbol{1}_{k_i}\otimes\boldsymbol{I}_{\beta_i},\quad i=1,2,\cdots,n,\tag{3.2.8}$$

其中

$$\alpha_1=1,\quad \alpha_i=\prod_{j=1}^{i-1}k_j,\quad i\geqslant 2,$$

$$\beta_n=1,\quad \beta_i=\prod_{j=i+1}^{n}k_j,\quad i\leqslant n-1.$$

那么式(3.2.7)就可以表示成

$$\boldsymbol{V}_i^c\ltimes_{j=1}^n\boldsymbol{x}_j=w_i\boldsymbol{V}_P\ltimes_{j=1}^n\boldsymbol{x}_j+\boldsymbol{V}_i^d\boldsymbol{E}_i^{\mathrm{T}}\ltimes_{j=1}^n\boldsymbol{x}_j,\quad i=1,2,\cdots,n.$$

由于 $\boldsymbol{x}_j\in\Delta_{k_j}$, $j=1,2,\cdots,n$ 是任意的,则可得

$$\boldsymbol{V}_i^d\boldsymbol{E}_i^{\mathrm{T}}=\boldsymbol{V}_i^c-w_i\boldsymbol{V}_P,\quad i=1,2,\cdots,n.\tag{3.2.9}$$

从式(3.2.9)的第一个方程中解出

$$w_1\boldsymbol{V}_P=\boldsymbol{V}_1^c-\boldsymbol{V}_1^d\boldsymbol{E}_1^{\mathrm{T}},$$

代入式(3.2.9)的其他方程可得

$$w_1\boldsymbol{V}_i^d\boldsymbol{E}_i^{\mathrm{T}}-w_i\boldsymbol{V}_1^d\boldsymbol{E}_1^{\mathrm{T}}=w_1\boldsymbol{V}_i^c-w_i\boldsymbol{V}_1^c,\quad i=2,3,\cdots,n.\tag{3.2.10}$$

定义两组向量如下：

$$\begin{cases}\boldsymbol{\xi}_i := (\boldsymbol{V}_i^d)^{\mathrm{T}}, & i=1,2,\cdots,n,\\ \boldsymbol{b}_{i-1} := [w_1\boldsymbol{V}_i^c - w_i\boldsymbol{V}_1^c]^{\mathrm{T}}, & i=2,3,\cdots,n.\end{cases} \tag{3.2.11}$$

那么，式(3.2.10)可表示为

$$\boldsymbol{E}^w\boldsymbol{\xi} = \boldsymbol{b}, \tag{3.2.12}$$

其中

$$\boldsymbol{\xi} = \begin{bmatrix}\boldsymbol{\xi}_1\\ \boldsymbol{\xi}_2\\ \vdots\\ \boldsymbol{\xi}_n\end{bmatrix},\quad \boldsymbol{b} = \begin{bmatrix}\boldsymbol{b}_1\\ \boldsymbol{b}_2\\ \vdots\\ \boldsymbol{b}_{n-1}\end{bmatrix},$$

且

$$\boldsymbol{E}^w = \begin{bmatrix}-w_2\boldsymbol{E}_1 & w_1\boldsymbol{E}_2 & \boldsymbol{0} & \cdots & \boldsymbol{0}\\ -w_3\boldsymbol{E}_1 & \boldsymbol{0} & w_1\boldsymbol{E}_3 & \cdots & \cdots\\ \vdots & \vdots & \vdots & & \vdots\\ -w_n\boldsymbol{E}_1 & \boldsymbol{0} & \boldsymbol{0} & \cdots & w_1\boldsymbol{E}_n\end{bmatrix}. \tag{3.2.13}$$

综合以上讨论可得下面的定理.

定理 3.2.1　设 $G=(N,S,C)$ 为一个有限博弈，$|N|=n$，$|S_i|=k_i$，$i=1,2,\cdots,n$. G 是一个以 $\{w_i>0 \mid i=1,2,\cdots,n\}$ 为权的加权势博弈，当且仅当方程(3.2.12)有解. 而且，如果解存在，则

$$\boldsymbol{V}_P = \frac{1}{w_1}[\boldsymbol{V}_1^c - \boldsymbol{\xi}_1^{\mathrm{T}}\boldsymbol{E}_1^{\mathrm{T}}]. \tag{3.2.14}$$

称方程(3.2.12)为加权势方程，其中 $\boldsymbol{E}^w$ 称为加权势矩阵. 当 $w_i=1$，$i=1,2,\cdots,n$ 时，加权势博弈变为势博弈. 此时，称

$$\boldsymbol{E} := \boldsymbol{E}^w|_{w=1} \tag{3.2.15}$$

为势矩阵，称

$$\boldsymbol{E}\boldsymbol{\xi} = \boldsymbol{b} \tag{3.2.16}$$

为势方程.

注　(i)（纯）势博弈具有特殊的重要性. 在势博弈中，势矩阵 $\boldsymbol{E}$ 只依赖于 $n=|N|$ 以及 $k_i=|S_i|$，$i=1,2,\cdots,n$. 因此，所有 $G\in\mathcal{G}_{[n;k_1,k_2,\cdots,k_n]}$ 都有共同的 $\boldsymbol{E}$.

(ii) $\boldsymbol{E}^w$ 可以看作对 $\boldsymbol{E}$ 在加权下的一种修正. 有加权情况下的许多结果可

基于无加权情况下的结果进行适当修正. 因此,后面的讨论常从(纯)势博弈开始.

例 3.2.1 考察囚徒困境,其支付双矩阵见表 3.2.1.

表 3.2.1 囚徒困境的支付双矩阵

P_1	P_2	
	1	2
1	(R,R)	(Q,T)
2	(T,Q)	(P,P)

表 3.2.1 可改写为支付矩阵形式,见表 3.2.2.

表 3.2.2 囚徒困境的支付矩阵

C	s			
	11	12	21	22
c_1	R	Q	T	P
c_2	R	T	Q	P

由表 3.2.2 可得

$$\mathbf{V}_1^c=(R,Q,T,P),$$
$$\mathbf{V}_2^c=(R,T,Q,P).$$

设 $\mathbf{V}_1^d=(a,b)$,$\mathbf{V}_2^d=(c,d)$,不难算得

$$\boldsymbol{E}_1^{\mathrm{T}}=(\mathbf{1}_2\otimes\boldsymbol{I}_2)^{\mathrm{T}}=\delta_2[1,2,1,2],$$
$$\boldsymbol{E}_2^{\mathrm{T}}=(\boldsymbol{I}_2\otimes\mathbf{1}_2)^{\mathrm{T}}=\delta_2[1,1,2,2],$$
$$\boldsymbol{b}_1=(\mathbf{V}_2^c-\mathbf{V}_1^c)^{\mathrm{T}}=(0,T-Q,Q-T,0)^{\mathrm{T}}.$$

于是,方程(3.2.12)成为

$$\begin{bmatrix}-1&0&1&0\\0&-1&1&0\\-1&0&0&1\\0&-1&0&1\end{bmatrix}\begin{bmatrix}a\\b\\c\\d\end{bmatrix}=\begin{bmatrix}0\\T-Q\\Q-T\\0\end{bmatrix}, \tag{3.2.17}$$

不难解出

$$\begin{cases}a=c=T-c_0,\\b=d=Q-c_0,\end{cases}$$

其中，$c_0\in\mathbb{R}$ 为任意实数. 于是，根据定理 3.2.1，囚徒困境是势博弈.

根据式(3.2.14)，可计算囚徒困境的势函数如下：

$$\begin{aligned} \boldsymbol{V}_P &= \boldsymbol{V}_1^c - \boldsymbol{V}_1^d \boldsymbol{E}_1^{\mathrm{T}} \\ &= (R-T,0,0,P-Q) + c_0(1,1,1,1). \end{aligned} \tag{3.2.18}$$

设 $R=1,Q=9,T=0,P=6$，可得到 P 的结构向量为 $\boldsymbol{V}_P=(4,3,3,0)$. 它显然是式(3.2.18)的特例[10]，其中 $c_0=3$.

下面考察非对称的囚徒困境 $G\in\mathcal{G}_{[2;2,2]}$，设支付双矩阵见表 3.2.3.

表 3.2.3　非对称囚徒困境 G 的支付双矩阵

P_1	P_2	
	1	2
1	(A,E)	(B,F)
2	(C,G)	(D,H)

记号 $\boldsymbol{V}_1^d$ 与 $\boldsymbol{V}_2^d$ 的含义同例 3.2.1，由此可得方程(3.2.16)，其中 $\boldsymbol{E}$ 与 $\boldsymbol{\xi}$ 的含义同例 3.2.1，且有

$$\boldsymbol{b}=\begin{bmatrix} E-A \\ F-B \\ G-C \\ H-D \end{bmatrix}.$$

因为 $\operatorname{rank}(\boldsymbol{E})=3$，不难检验：方程(3.2.12)有解，当且仅当

$$E-A-F+B-G+C+H-D=0, \tag{3.2.19}$$

于是有如下结论：

命题 3.2.4　非对称的囚徒困境 $G\in\mathcal{G}_{[2;2,2]}$ 是势博弈，当且仅当其支付双矩阵(见表 3.2.3)中的参数满足式(3.2.19).

设 (a,b,c,d) 为方程(3.2.12)的一组解，那么，势函数的结构向量为

$$\boldsymbol{V}_P=(A,B,C,D)-(a,b,a,b)+c_0(1,1,1,1), \tag{3.2.20}$$

其中，$c_0\in\mathbb{R}$ 为任意实数.

3.2.1.3　势方程的结构与解

由上节可知，如果一个博弈是势博弈，则可以通过求解势方程(3.2.12)得到其势函数. 这一节进一步探讨(加权)势方程的一些性质. 在以下的讨论中，我们

总假定 $G\in\mathcal{G}_{[n;k_1,k_2,\cdots,k_n]}$.

为方便计,记

$$k_{-i}:=\frac{k}{k_i},\quad i=1,2,\cdots,n,\tag{3.2.21}$$

其中

$$k=\prod_{i=1}^{n}k_i.$$

记

$$k_0:=\sum_{i=1}^{n}k_{-i}.\tag{3.2.22}$$

由于式(3.2.13)中 $\boldsymbol{E}_i\in\mathcal{M}_{k\times k_{-i}}(i=1,2,\cdots,n)$,因此,

$$\boldsymbol{E}^w,\ \boldsymbol{E}\in\mathcal{M}_{(n-1)k\times k_0}.$$

参考文献[11]讨论了势方程的解结构. 为了把那些结果直接推广到加权势方程,下面先给出两者间的基本关系.

定义矩阵

$$\boldsymbol{\Psi}:=\begin{bmatrix}w_1\boldsymbol{I}_{k_{-1}}&\boldsymbol{0}&\cdots&\boldsymbol{0}\\\boldsymbol{0}&w_2\boldsymbol{I}_{k_{-2}}&\cdots&\boldsymbol{0}\\\vdots&\vdots&&\vdots\\\boldsymbol{0}&\boldsymbol{0}&\cdots&w_n\boldsymbol{I}_{k_{-n}}\end{bmatrix}.\tag{3.2.23}$$

命题 3.2.5 ξ 为 $\boldsymbol{E}\boldsymbol{x}=\boldsymbol{0}$ 的解,当且仅当 $\boldsymbol{\Psi}\xi$ 为 $\boldsymbol{E}^w\boldsymbol{x}=\boldsymbol{0}$ 的解.

证明 容易验证方程 $\boldsymbol{E}\boldsymbol{x}=\boldsymbol{0}$ 与 $\boldsymbol{E}^w\boldsymbol{\Psi}\boldsymbol{x}=\boldsymbol{0}$ 同解. □

根据命题 3.2.5,定义 $\psi:\mathbb{R}^{(n-1)k}\to\mathbb{R}^{(n-1)k}$ 如下:$\psi(\boldsymbol{X}):=\sqrt{\boldsymbol{\Psi}}\boldsymbol{X}$. 于是有下面的命题:

命题 3.2.6 $V\subset\mathbb{R}^{(n-1)k}$ 是 $W\subset\mathbb{R}^{(n-1)k}$ 的正交补空间,当且仅当 $\psi(V)\subset\mathbb{R}^{(n-1)k}$ 是 $\psi(W)\subset\mathbb{R}^{(n-1)k}$ 的正交补空间.

因此,加权势矩阵 $\boldsymbol{E}^w$ 的列秩以及解空间维数,都与权值无关,即只要考虑势矩阵 $\boldsymbol{E}$ 的情况就可以了.

引理 3.2.2 $\boldsymbol{1}_{k_0}$ 是 $\boldsymbol{E}\boldsymbol{x}=\boldsymbol{0}$ 的一个解,这里 $\boldsymbol{E}$ 是势矩阵[见定义式(3.2.15)].

证明 由 $\boldsymbol{E}_i$ 的结构不难发现,$\boldsymbol{E}_i$ 的每一行都有且只有一个 1,其余为 0. 因此,$\boldsymbol{E}$ 的每一行只有两个非零元素,一个为 1,另一个为 −1,结论显见. □

推论 3.2.2 $\boldsymbol{\Psi}\boldsymbol{1}_{nk_0}$ 是 $\boldsymbol{E}^w\boldsymbol{x}=\boldsymbol{0}$ 的一个解,这里 $\boldsymbol{E}^w$ 是加权势矩阵.

引理 3.2.3　设 $\boldsymbol{E}$ 为势矩阵,那么

$$\text{span Row}(\boldsymbol{E})=\mathbf{1}_{k_0}^{\perp}. \tag{3.2.24}$$

证明　根据引理 3.2.2,可得

$$\text{span Row}(\boldsymbol{E})\subset\mathbf{1}_{k_0}^{\perp}.$$

如果式(3.2.24)成立,再利用引理 3.2.2,不难得出,如果 $\boldsymbol{\xi}_0$ 是方程(3.2.16)的一个解,则方程(3.2.16)的通解可表示为 $\boldsymbol{\xi}=\boldsymbol{\xi}_0+c_0\mathbf{1}_{k_0}$. 因此,相应的势函数 P 满足 $P=P_0+c_0$,这里,P_0 是由 $\boldsymbol{\xi}_0$ 构造出的势函数.

如果式(3.2.24)不成立,那么,$\text{rank}(\boldsymbol{E})<k_0-1$. 那么,存在 $\boldsymbol{\xi}_0'\notin\text{span}\{\mathbf{1}_{k_0}\}$,它是 $\boldsymbol{E}\boldsymbol{x}=\mathbf{0}$ 的解,且与 $\boldsymbol{\xi}_0$ 线性无关. 利用它,我们可以构造一个新的势函数 P'.

由于 $\boldsymbol{\xi}_0'$ 与 $\boldsymbol{\xi}_0$ 线性无关,则至少存在一个 i 使得

$$[\boldsymbol{\xi}_0']_i-[\boldsymbol{\xi}_0]_i\notin\text{span}\{\mathbf{1}_{k_0}\}. \tag{3.2.25}$$

由于对任何 $1\leqslant j\leqslant n$,均有

$$\boldsymbol{V}_P=\boldsymbol{V}_j^c-[\boldsymbol{\xi}_0]_j^{\mathrm{T}}\boldsymbol{E}_j^{\mathrm{T}},\quad \boldsymbol{V}_P=\boldsymbol{V}_j^c-[\boldsymbol{\xi}_0']_j^{\mathrm{T}}\boldsymbol{E}_j^{\mathrm{T}},$$

取 $j=i$,则有

$$\boldsymbol{V}_P-\boldsymbol{V}_{P'}=([\boldsymbol{\xi}_0]_i-[\boldsymbol{\xi}_0']_i)\boldsymbol{E}_i^{\mathrm{T}}.$$

设 $\boldsymbol{V}_P-\boldsymbol{V}_{P'}=c\mathbf{1}_k^{\mathrm{T}}$,由 $\boldsymbol{E}_i$ 的构造,不难得出

$$\boldsymbol{E}_i\boldsymbol{x}=c\mathbf{1}_k$$

的唯一解是 $\boldsymbol{x}=c\mathbf{1}_{k_0}$,这与式(3.2.25)矛盾. 因此,

$$\boldsymbol{V}_P-\boldsymbol{V}_{P'}\neq c\mathbf{1}_k^{\mathrm{T}}. \tag{3.2.26}$$

而式(3.2.26)又与命题 3.2.1 矛盾,故式(3.2.24)成立. □

采用类似的证明可以得到下面的推论:

推论 3.2.3　设 $\boldsymbol{E}^w$ 为加权势矩阵,那么

$$\text{span Row}(\boldsymbol{E}^w)=\{\boldsymbol{\Psi}\mathbf{1}_{k_0}\}^{\perp}. \tag{3.2.27}$$

根据定理 3.2.1 和引理 3.2.3,利用前面的记号,可得如下结论:

定理 3.2.2　设 $G\in\mathcal{G}_{[n;k_1,k_2,\cdots,k_n]}$,则以下几个命题等价:

(i) G 为势博弈.

(ii)

$$\text{rank}[\boldsymbol{E},\boldsymbol{b}]=k_0-1. \tag{3.2.28}$$

(iii)

$$\boldsymbol{b}\in\text{span Col}(\boldsymbol{E}). \tag{3.2.29}$$

(iv) 任选 $i\in\{1,2,\cdots,k_0\}$,

$$\boldsymbol{b} \in \operatorname{span}\{\operatorname{Col}_j(\boldsymbol{E}) \mid j \neq i\}. \tag{3.2.30}$$

证明 由引理 3.2.3,可知 $\operatorname{rank}(\boldsymbol{E})=k_0-1$.

(i)⇔(ii):由线性代数可知,条件(3.2.28)是方程(3.2.16)有解的充要条件. 根据定理 3.2.1,(ii)等价于 G 是势博弈.

(ii)⇔(iii):结论是显然的.

(iii)⇔(iv):由(iv)推出(iii)是显然的. 要证明由(iii)推出(iv),只要证明以下事实即可:$\boldsymbol{E}$ 的任何 k_0-1 列均为 span Col($\boldsymbol{E}$)的一个基底. 利用引理 3.2.2,可知

$$\sum_{j=1}^{k_0} \operatorname{Col}_j(\boldsymbol{E})=0.$$

因此,对任何 $1 \leqslant i \leqslant k_0$,均有

$$\operatorname{Col}_i(\boldsymbol{E})=-\sum_{j \neq i} \operatorname{Col}_j(\boldsymbol{E}).$$

因此,$\boldsymbol{E}$ 的任何 k_0-1 列均线性无关. 于是可得式(3.2.30). □

利用前面的记号,上述定理可平行推广至加权势博弈的情形.

推论 3.2.4 设 $G \in \mathcal{G}_{[n;k_1,k_2,\cdots,k_n]}$,则以下几个命题等价:

(i) G 为加权势博弈.

(ii)

$$\operatorname{rank}[\boldsymbol{E}^w, \boldsymbol{b}]=k_0-1. \tag{3.2.31}$$

(iii)

$$\boldsymbol{b} \in \operatorname{span} \operatorname{Col}(\boldsymbol{E}^w). \tag{3.2.32}$$

(iv) 任选 $i \in \{1,2,\cdots,k_0\}$,

$$\boldsymbol{b} \in \operatorname{span}\{\operatorname{Col}_j(\boldsymbol{E}^w) \mid j \neq i\}. \tag{3.2.33}$$

给定一个有限博弈 $G \in \mathcal{G}_{[n;k_1,k_2,\cdots,k_n]}$,下面的算法可用于检验其是否为势博弈并计算其势函数.

由定理 3.2.2 可知,$\boldsymbol{E}$ 的任何 k_0-1 列均线性无关. 因此,为找到方程(3.2.16)的一个特解,我们不妨令 $\boldsymbol{\xi}$ 的最后一个分量为 **0**. 这相当于将 $\boldsymbol{E}$ 的最后一列删去后再求解. 这就是以下算法的出发点.

算法 3.2.1 ·第 1 步:将 $\boldsymbol{E}$ 的最后一列删去,得到 $\boldsymbol{E}_0$.

·第 2 步:令

$$\boldsymbol{\xi}=\begin{bmatrix} \boldsymbol{\xi}^0 \\ \mathbf{0} \end{bmatrix},$$

解方程

$$\boldsymbol{E}_0\boldsymbol{\xi}^0=\boldsymbol{b},\tag{3.2.34}$$

得其最小二乘解为

$$\boldsymbol{\xi}^0=(\boldsymbol{E}_0^{\mathrm{T}}\boldsymbol{E}_0)^{-1}\boldsymbol{E}_0^{\mathrm{T}}\boldsymbol{b}.\tag{3.2.35}$$

• 第 3 步：将式(3.2.35)代入方程(3.2.34)，以验证式(3.2.35)是否真为方程(3.2.34)的解.

如果不是，则 G 不是势博弈，退出算法；

如果是，则进入第 4 步.

• 第 4 步：记 $\boldsymbol{\xi}_1$ 为 $\boldsymbol{\xi}^0$ 的前 $k_{-1}=k/k_1$ 个元素，利用式(3.2.14)计算势函数.

注　(i) 博弈 G 是势博弈，当且仅当算法 3.2.1 能走到第 4 步.

(ii) 如果 G 是势博弈，则算法给出 $\mathbf{V}_P$，于是 G 的势函数为

$$P(\boldsymbol{x})=\mathbf{V}_P \ltimes_{i=1}^{n}\boldsymbol{x}_i+c_0,\tag{3.2.36}$$

其中，$\boldsymbol{x}_i$ 是玩家 i 策略的向量表示；$c_0\in\mathbb{R}$ 为任意实数.

(iii) 即使 G 不是势博弈，最小二乘解(3.2.35)也是有意义的. 因为它给出了离 G 最近的势博弈，可作为势博弈意义下的近似(见本章后面的讨论).

(iv) 算法 3.2.1 以及上面的(i)～(iii)，都可以平行推广到加权已知的加权势博弈情形. 然而，在实际问题中，给定一个博弈，要检验它是否为加权势博弈，难点在于加权是很难预知的. 因此这里不把这些推广写成推论，加权的情况将在后面讨论.

下面讨论几个例子.

例 3.2.2　考察一个对称博弈 $G\in\mathcal{G}_{[3;2,2,2]}$ 是否为势博弈，其支付矩阵见表 3.2.4.

表 3.2.4　例 3.2.2 的支付矩阵

C	s							
	111	112	121	122	211	212	221	222
c_1	a	b	b	d	c	e	e	f
c_2	a	b	c	e	b	d	e	f
c_3	a	c	b	e	b	e	d	f

由式(3.2.12)和式(3.2.13),可得

$$\begin{aligned}\boldsymbol{E}_1&=\mathbf{1}_2\otimes\boldsymbol{I}_4\\&=(\delta_4[1,2,3,4,1,2,3,4])^{\mathrm{T}},\end{aligned}\tag{3.2.37}$$

$$\begin{aligned}\boldsymbol{E}_2&=\boldsymbol{I}_2\otimes\mathbf{1}_2\otimes\boldsymbol{I}_2\\&=(\delta_4[1,2,1,2,3,4,3,4])^{\mathrm{T}},\end{aligned}\tag{3.2.38}$$

$$\begin{aligned}\boldsymbol{E}_3&=\boldsymbol{I}_4\otimes\mathbf{1}_2\\&=(\delta_4[1,1,2,2,3,3,4,4])^{\mathrm{T}}.\end{aligned}\tag{3.2.39}$$

于是有

$$\boldsymbol{E}=\begin{bmatrix}-1&0&0&0&1&0&0&0&0&0&0&0\\0&-1&0&0&0&1&0&0&0&0&0&0\\0&0&-1&0&1&0&0&0&0&0&0&0\\0&0&0&-1&0&1&0&0&0&0&0&0\\-1&0&0&0&0&0&1&0&0&0&0&0\\0&-1&0&0&0&0&0&1&0&0&0&0\\0&0&-1&0&0&0&1&0&0&0&0&0\\0&0&0&-1&0&0&0&1&0&0&0&0\\-1&0&0&0&0&0&0&0&1&0&0&0\\0&-1&0&0&0&0&0&0&1&0&0&0\\0&0&-1&0&0&0&0&0&0&1&0&0\\0&0&0&-1&0&0&0&0&0&1&0&0\\-1&0&0&0&0&0&0&0&0&0&1&0\\0&-1&0&0&0&0&0&0&0&0&1&0\\0&0&-1&0&0&0&0&0&0&0&0&1\\0&0&0&-1&0&0&0&0&0&0&0&1\end{bmatrix}.$$

由于

$$\boldsymbol{b}_1=[\boldsymbol{V}_2^c-\boldsymbol{V}_1^c]^{\mathrm{T}}=[0,0,c-b,e-d,b-c,d-e,0,0]^{\mathrm{T}},$$

$$\boldsymbol{b}_2=[\boldsymbol{V}_3^c-\boldsymbol{V}_1^c]^{\mathrm{T}}=[0,c-b,0,e-d,b-c,0,d-e,0]^{\mathrm{T}},$$

因此,

$$\begin{aligned}\boldsymbol{b}&=[\boldsymbol{b}_1^{\mathrm{T}}\boldsymbol{b}_2^{\mathrm{T}}]^{\mathrm{T}}\\&=[0,0,\alpha,\beta,-\alpha,-\beta,0,0,0,\alpha,0,\beta,-\alpha,0,-\beta,0]^{\mathrm{T}},\end{aligned}$$

其中,$\alpha=c-b,\beta=e-d$.

不难检验

$$b=(\alpha+\beta)\mathrm{Col}_1(\boldsymbol{E})+\beta\mathrm{Col}_2(\boldsymbol{E})+\beta\mathrm{Col}_3(\boldsymbol{E})+(\alpha+\beta)\mathrm{Col}_5(\boldsymbol{E})+\beta\mathrm{Col}_6(\boldsymbol{E})$$
$$+\beta\mathrm{Col}_7(\boldsymbol{E})+(\alpha+\beta)\mathrm{Col}_9(\boldsymbol{E})+\beta\mathrm{Col}_{10}(\boldsymbol{E})+\beta\mathrm{Col}_{11}(\boldsymbol{E}).$$

由定理 3.2.1 可知,对称的 $G\in\mathcal{G}_{[3;2,2,2]}$ 都是势博弈.

为了计算势函数,给定一组常数. 设 $a=1,b=1,c=2,d=-1,e=1,f=-1$,则

$$\boldsymbol{b}_1=[\boldsymbol{V}_2^c-\boldsymbol{V}_1^c]^{\mathrm{T}}=[0,0,1,2,-1,-2,0,0]^{\mathrm{T}},$$
$$\boldsymbol{b}_2=[\boldsymbol{V}_3^c-\boldsymbol{V}_1^c]^{\mathrm{T}}=[0,1,0,2,-1,0,-2,0]^{\mathrm{T}}.$$

依据算法 3.2.1 可逐次算得

$$\boldsymbol{\xi}^0=[3,2,2,0,3,2,2,0,3,2,2]^{\mathrm{T}},$$
$$\boldsymbol{V}_1^d=\boldsymbol{\xi}_1^{\mathrm{T}}=[3,2,2,0],$$

且

$$\begin{aligned}\boldsymbol{V}_P&=\boldsymbol{V}_1^c-\boldsymbol{V}_1^d\boldsymbol{E}_1^{\mathrm{T}}\\&=[1,1,1,-1,2,1,1,-1]-[3,2,2,0]\boldsymbol{E}_1^{\mathrm{T}}\\&=[-2,-1,-1,-1,-1,-1,-1,-1].\end{aligned}$$

最后可得

$$P(\boldsymbol{x})=[-2,-1,-1,-1,-1,-1,-1,-1]\boldsymbol{x}+\boldsymbol{c}_0,$$

其中 $\boldsymbol{x}=\ltimes_{i=1}^3\boldsymbol{x}_i\in\Delta_8$.

下面考察石头-剪刀-布游戏.

例 3.2.3 考察石头-剪刀-布游戏,验证其是否为势博弈,其支付矩阵见表 3.2.5,表中,1 为石头,2 为布,3 为剪刀.

表 3.2.5 石头-剪刀-布游戏的支付矩阵

C	s								
	11	12	13	21	22	23	31	32	33
c_1	0	−1	1	1	0	−1	−1	1	0
c_2	0	1	−1	−1	0	1	1	−1	0

容易算得

$$\boldsymbol{E}_1=\boldsymbol{1}_3\otimes\boldsymbol{I}_3=(\delta_3[1,2,3,1,2,3,1,2,3])^{\mathrm{T}},$$
$$\boldsymbol{E}_2=\boldsymbol{I}_3\otimes\boldsymbol{1}_3=(\delta_3[1,1,1,2,2,2,3,3,3])^{\mathrm{T}},$$

于是

$$\boldsymbol{E}=(-\boldsymbol{E}_1,\boldsymbol{E}_2)=\begin{bmatrix}-1&0&0&1&0&0\\0&-1&0&1&0&0\\0&0&-1&1&0&0\\-1&0&0&0&1&0\\0&-1&0&0&1&0\\0&0&-1&0&1&0\\-1&0&0&0&0&1\\0&-1&0&0&0&1\\0&0&-1&0&0&1\end{bmatrix},$$

$$\boldsymbol{b}=[\boldsymbol{V}_2^c-\boldsymbol{V}_1^c]^{\mathrm{T}}=[0,2,-2,-2,0,2,2,-2,0]^{\mathrm{T}}.$$

因为 $\mathrm{rank}(\boldsymbol{E})=5$ 而 $\mathrm{rank}[\boldsymbol{E},\boldsymbol{b}]=6$，可知势方程无解，因此，该石头-剪刀-布游戏不是势博弈.

3.2.2 演化博弈

3.2.2.1 重复博弈的局势演化方程

设 $G=(N,S,C)$ 为一个有限正规博弈. 如果这个博弈被重复多次(无穷次)，那么，由理性的假定，每个玩家都会根据已有信息，设法最大化自己的利益. 设 $|N|=n$，$|S_i|=k_i$，$i=1,2,\cdots,n$，用 $x_i(t+1)$ 表示玩家 i 在 $t+1$ 次博弈时的策略，则有以下演化方程：

$$\begin{cases}x_1(t+1)=f_1(x(t),x(t-1),\cdots,x(0)),\\x_2(t+1)=f_2(x(t),x(t-1),\cdots,x(0)),\\\cdots\cdots\\x_n(t+1)=f_n(x(t),x(t-1),\cdots,x(0)),\end{cases}\tag{3.2.40}$$

其中 $x(\tau)=(x_1(\tau),\cdots,x_n(\tau))$ 表示 τ 时刻的策略变量.

最常见的一种演化方程，其下一时刻的策略仅依赖于当下的策略(马氏型)，于是，演化方程(3.2.40)可变为

$$\begin{cases}x_1(t+1)=f_1(x_1(t),x_2(t),\cdots,x_n(t)),\\x_2(t+1)=f_2(x_1(t),x_2(t),\cdots,x_n(t)),\\\cdots\cdots\\x_n(t+1)=f_n(x_1(t),x_2(t),\cdots,x_n(t)).\end{cases}\tag{3.2.41}$$

进一步地，局势演化方程大致可以分为两种：

· 确定型：状态变量 $\boldsymbol{x}_i(t)\in\mathcal{D}_{k_i}$，$i=1,2,\cdots,n$，在向量形式下，有 $\boldsymbol{x}_i(t)\in\Delta_{k_i}$，从而

$$\boldsymbol{x}_i(t+1)=\boldsymbol{M}_i\boldsymbol{x}(t),\quad i=1,2,\cdots,n,\tag{3.2.42}$$

其中，$\boldsymbol{x}(t)=\ltimes_{i=1}^{n}\boldsymbol{x}_i(t)$，$\boldsymbol{M}_i\in\mathcal{L}_{k_i\times k}$ 为 f_i 的结构矩阵，$i=1,2,\cdots,n$. 将式(3.2.42)中的各式相乘，可得其代数状态空间方程为

$$\boldsymbol{x}(t+1)=\boldsymbol{M}\boldsymbol{x}(t),\tag{3.2.43}$$

其中

$$\boldsymbol{M}=\boldsymbol{M}_1*\boldsymbol{M}_2*\cdots*\boldsymbol{M}_n\in\mathcal{L}_{k\times k}.\tag{3.2.44}$$

· 概率型：状态变量 $\boldsymbol{x}(t)=(r_1,r_2,\cdots,r_k)^{\mathrm{T}}\in\Upsilon_k$，$P(\boldsymbol{x}(t)=\boldsymbol{\delta}_k^j)=r_j$，$j=1,2,\cdots,k$. 这时，式(3.2.42)仍成立，只是 $\mathrm{Col}_j(\boldsymbol{M}_i)\in\Upsilon_{k_i}$，表示 $\boldsymbol{x}(t)=\boldsymbol{\delta}_k^j$ 时 $\boldsymbol{x}_i(t+1)$ 的概率分布. 如果每个个体更新其策略的时候都满足条件独立的假设，则式(3.2.43)也仍然有效，但 $\boldsymbol{M}$ 的(i,j)元(记为 m_{ij})表示 $\boldsymbol{x}(t)=\boldsymbol{\delta}_k^j$ 时 $\boldsymbol{x}(t+1)=\boldsymbol{\delta}_k^i$ 的概率分布，即

$$m_{ij}=P\{\boldsymbol{x}(t+1)=\boldsymbol{\delta}_k^i\mid\boldsymbol{x}(t)=\boldsymbol{\delta}_k^j\},\quad i,j=1,2,\cdots,k.\tag{3.2.45}$$

因此，$\boldsymbol{M}$ 是列概率转移矩阵. 式(3.2.44)可写成

$$\boldsymbol{M}=\boldsymbol{M}_1*\boldsymbol{M}_2*\cdots*\boldsymbol{M}_n\in\Upsilon_{k\times k}.\tag{3.2.46}$$

3.2.2.2 策略更新规则

局势演化方程，或者说每个玩家的策略演化方程，都是由玩家所采用的策略更新规则(strategy updating rule)来决定的. 目前，在理论研究中常用的策略更新规则一般是由专家们设计出来的. 下面列举四种常用的策略更新规则.

(1)短视最优响应(MBRA)：站在玩家 i 的立场上，考察其他人在 t 时刻的策略 $s_{-i}(t)$，选择对付他们的最佳策略，记作

$$O_i(t)=\operatorname{argmax}_{s_i\in S_i}c_i(s_i,s_{-i}(t)).$$

对于短视最优响应，玩家更新策略的时间很重要，为此我们做以下划分：

(i)时间串联型 MBRA(sequential MBRA)：一个时刻只有一个玩家更新策略，可以细分为以下两种情形：

· 周期型串联 MBRA(periodical MBRA)：玩家按顺序轮流更新，即

$$\begin{cases}x_i(t+1)=f_i(x_1(t),x_2(t),\cdots,x_n(t)),\\ x_j(t+1)=x_j(t),j\neq i;t=kn+(i-1),k=0,1,2,\cdots.\end{cases}\tag{3.2.47}$$

· 随机型串联 MBRA(stochastic MBRA)：每个玩家以相同的概率($p=1/n$)

被选上更新自己的策略.

(ii)时间并联型 MBRA(parallel MBRA):所有玩家同时更新他们的策略.此时,演化方程即为式(3.2.43).

(iii)时间级联型 MBRA(cascading MBRA):虽然所有玩家同时更新他们的策略,但当玩家 j 更新自己的策略时,他知道并使用玩家 $i(i<j)$ 的新策略,即

$$\begin{cases}x_1(t+1)=f_1(x_1(t),x_2(t),\cdots,x_n(t)),\\ x_2(t+1)=f_2(x_1(t+1),x_2(t),\cdots,x_n(t)),\\ \cdots\cdots\\ x_n(t+1)=f_n(x_1(t+1),\cdots,x_{n-1}(t+1),x_n(t)).\end{cases}\tag{3.2.48}$$

(2)带参数 $\tau>0$ 的对数响应[logit response(LR) with parameter $\tau>0$]:第 i 个玩家在 $t+1$ 时刻取策略 $j\in S_i$ 的概率为

$$P_\tau^i(x_i(t+1)=j\mid x(t))=\frac{\exp\left(\frac{1}{\tau}c_i(j,x^{-i}(t))\right)}{\sum\limits_{s_i\in S_i}\exp\left(\frac{1}{\tau}c_i(s_i,x^{-i}(t))\right)}.\tag{3.2.49}$$

(3)无条件模仿(unconditional imitation, UI):玩家 i 在所有玩家中选 t 时刻收益最好的玩家,并取其策略为自己下一时刻的策略.如果最优玩家的个数不唯一,则分以下两种情形:

(i)1-型 UI:取指标最小的玩家的策略,即设

$$j^*=\min\{\mu\mid\mu\in\operatorname{argmax}_j c_j(x(t))\},\tag{3.2.50}$$

则

$$x_i(t+1)=x_{j^*}(t).\tag{3.2.51}$$

(ii)2-型 UI:以相同概率取其中任意一个玩家的策略,即如果

$$\operatorname{argmax}_j c_j(x(t)):=\{j_1^*,j_2^*,\cdots,j_r^*\},$$

则取

$$x_i(t+1)=x_{j_\mu^*}(t),\text{依概率 } p_\mu^i=\frac{1}{r},\mu=1,2,\cdots,r.\tag{3.2.52}$$

(4)费米规则(Fermi's rule, FM):以等概率任选一个玩家 j,然后比较 j 与自己的上一次收益,然后以如下方法决定下一次策略:

$$x_i(t+1)=\begin{cases}x_j(t), & \text{以概率 } p_t,\\ x_i(t), & \text{以概率 } 1-p_t,\end{cases}\tag{3.2.53}$$

这里 p_t 由以下费米函数决定：

$$p_t=\frac{1}{1+\exp(-\mu(c_j(t)-c_i(t)))}.$$

其中，参数 $\mu>0$ 可任选. 特别地，当 $\mu=\infty$ 时，可得

$$x_i(t+1)=\begin{cases}x_i(t), & c_i(x(t))\geqslant c_j(x(t)),\\ x_j(t), & c_i(x(t))<c_j(x(t)).\end{cases} \tag{3.2.54}$$

3.2.2.3　从更新策略到演化方程

本节讨论如何由策略更新规则得到策略及局势演化方程. 可以说，局势演化方程完全由策略更新规则所确定. 在上一节，我们对几种策略更新规则进行了十分详尽的描述，就是为了能唯一确定局势演化方程. 下面我们通过具体例子来说明怎样由策略更新规则确定局势演化方程.

例 3.2.4　考察一个重复博弈 $G\in \mathcal{G}_{[3;3,2,3]}$，其支付矩阵见表 3.2.6.

表 3.2.6　例 3.2.4 的支付矩阵

C	s																	
	111	112	113	121	122	123	211	212	213	221	222	223	311	312	313	321	322	323
c_1	1	$\underline{2}$	−1	−2	0	1	−2	1	$\underline{1}$	$\underline{1}$	0	$\underline{2}$	$\underline{3}$	$\underline{2}$	$\underline{1}$	−1	$\underline{2}$	−2
c_2	2	$\underline{3}$	$\underline{4}$	$\underline{3}$	2	1	$\underline{3}$	2	$\underline{2}$	2	$\underline{3}$	1	3	2	$\underline{4}$	$\underline{5}$	$\underline{3}$	1
c_3	−2	−1	$\underline{0}$	−4	$\underline{-2}$	−3	−3	−2	$\underline{0}$	−1	−1	$\underline{0}$	$\underline{0}$	−3	−3	−2	$\underline{-1}$	$\underline{-1}$

下面我们讨论如何通过策略更新规则确定局势演化方程. 考虑策略更新规则为短视最优响应.

对玩家 1，比较 $c_1(111)$，$c_1(211)$ 与 $c_1(311)$，因 $c_1(111)=1$，$c_1(211)=-2$，$c_1(311)=3$，故当玩家 2 及玩家 3 都取策略 1 时，玩家 1 的最佳响应是取策略 3. 也就是说，$f_1(111)=f_1(211)=f_1(311)=3$. 再比较 $c_1(112)=2$，$c_1(212)=1$ 与 $c_1(312)=2$，这时，如果考虑确定型策略更新(MBRA-D)，则有 $f_1(112)=f_1(212)=f_1(312)=1$；如果考虑概率型策略更新(MBRA-P)，则有 $f_1(112)=f_1(212)=f_1(312)=1\left(\frac{1}{2}\right)+3\left(\frac{1}{2}\right)$. 这里 $1\left(\frac{1}{2}\right)+3\left(\frac{1}{2}\right)$ 表示取 1 的概率为 $\frac{1}{2}$，取 3 的概率为 $\frac{1}{2}$. 类似地，可以得到 f_1 的结构矩阵. 采用同样的方法也可以得到 f_2，f_3 的结构矩阵，于是可得重复博弈 G 的局势演化方程的代数形式如下：

$$\begin{cases}\boldsymbol{x}_1(t+1)=f_1(\boldsymbol{x}_1(t),\boldsymbol{x}_2(t),\boldsymbol{x}_3(t))=\boldsymbol{M}_1\ltimes_{i=1}^{3}\boldsymbol{x}_i(t):=\boldsymbol{M}_1\boldsymbol{x}(t),\\ \boldsymbol{x}_2(t+1)=f_2(\boldsymbol{x}_1(t),\boldsymbol{x}_2(t),\boldsymbol{x}_3(t))=\boldsymbol{M}_2\ltimes_{i=1}^{3}\boldsymbol{x}_i(t):=\boldsymbol{M}_2\boldsymbol{x}(t),\\ \boldsymbol{x}_3(t+1)=f_3(\boldsymbol{x}_1(t),\boldsymbol{x}_2(t),\boldsymbol{x}_3(t))=\boldsymbol{M}_3\ltimes_{i=1}^{3}\boldsymbol{x}_i(t):=\boldsymbol{M}_3\boldsymbol{x}(t).\end{cases} \tag{3.2.55}$$

最后可得到局势演化方程为

$$\boldsymbol{x}(t+1)=(\boldsymbol{M}_1*\boldsymbol{M}_2*\boldsymbol{M}_3)\boldsymbol{x}(t):=\boldsymbol{M}\boldsymbol{x}(t). \tag{3.2.56}$$

其中

• MBRA-D：

$$\begin{aligned}&\boldsymbol{M}_1=\delta_3[3,1,2,2,3,2,3,1,2,2,3,2,3,1,2,2,3,2],\\&\boldsymbol{M}_2=\delta_2[2,1,1,2,1,1,1,2,1,1,2,1,2,2,1,2,2,1],\\&\boldsymbol{M}_3=\delta_3[3,3,3,2,2,2,3,3,3,3,3,3,1,1,1,2,2,2],\\&\boldsymbol{M}=\delta_{18}[18,3,9,11,14,8,15,6,9,9,18,9,16,4,7,11,17,8].\end{aligned} \tag{3.2.57}$$

• MBRA-P：

$$\begin{aligned}\boldsymbol{M}_1=\delta_3\Big[&3,1\left(\frac{1}{2}\right)+3\left(\frac{1}{2}\right),2\left(\frac{1}{2}\right)+3\left(\frac{1}{2}\right),2,3,2,3,1\left(\frac{1}{2}\right)+3\left(\frac{1}{2}\right),\\&2\left(\frac{1}{2}\right)+3\left(\frac{1}{2}\right),2,3,2,3,1\left(\frac{1}{2}\right)+3\left(\frac{1}{2}\right),2\left(\frac{1}{2}\right)+3\left(\frac{1}{2}\right),2,3,2\Big],\end{aligned}$$

$$\boldsymbol{M}_2=\delta_2[2,1,1,2,1,1,1,2,1,1,2,1,2,2,1,2,2,1],$$

$$\begin{aligned}\boldsymbol{M}_3=\delta_3\Big[&3,3,3,2,2,2,3,3,3,3,3,3,1,1,1,2\left(\frac{1}{2}\right)+3\left(\frac{1}{2}\right),\\&2\left(\frac{1}{2}\right)+3\left(\frac{1}{2}\right),1\left(\frac{1}{3}\right)+2\left(\frac{1}{3}\right)+3\left(\frac{1}{3}\right)\Big],\end{aligned}$$

$$\begin{aligned}\boldsymbol{M}=\delta_{18}\Big[&18,3\left(\frac{1}{2}\right)+15\left(\frac{1}{2}\right),9\left(\frac{1}{2}\right)+15\left(\frac{1}{2}\right),11,14,8,15,6\left(\frac{1}{2}\right)+18\left(\frac{1}{2}\right),\\&9\left(\frac{1}{2}\right)+15\left(\frac{1}{2}\right),9,18,9,16,4\left(\frac{1}{2}\right)+10\left(\frac{1}{2}\right),7\left(\frac{1}{2}\right)+13\left(\frac{1}{2}\right),\\&11\left(\frac{1}{2}\right)+12\left(\frac{1}{2}\right),17\left(\frac{1}{2}\right)+18\left(\frac{1}{2}\right),7\left(\frac{1}{3}\right)+8\left(\frac{1}{3}\right)+9\left(\frac{1}{3}\right)\Big].\end{aligned}$$

下面考虑策略更新的时间. 实际上，由前面的操作过程不难看出，演化方程(3.2.55)采用的是时间并联型更新规则. 对于确定型策略更新规则的演化方程，我们可以将其改造成时间级联型策略更新规则的演化方程. 首先有

$$\boldsymbol{x}_1(t+1)=\boldsymbol{M}_1\boldsymbol{x}(t):=\widetilde{\boldsymbol{M}}_1\boldsymbol{x}(t),$$

其中 $\widetilde{\boldsymbol{M}}_1=\boldsymbol{M}_1$. 其次有

$$\begin{aligned}\boldsymbol{x}_2(t+1)&=\boldsymbol{M}_2\boldsymbol{x}_1(t+1)\boldsymbol{x}_2(t)\boldsymbol{x}_3(t)\\&=\boldsymbol{M}_2\boldsymbol{M}_1\boldsymbol{x}_1(t)\boldsymbol{x}_2(t)\boldsymbol{x}_3(t)\boldsymbol{x}_2(t)\boldsymbol{x}_3(t)\\&=\boldsymbol{M}_2\boldsymbol{M}_1\boldsymbol{x}_1(t)\boldsymbol{R}_6^P\boldsymbol{x}_2(t)\boldsymbol{x}_3(t)\\&=\boldsymbol{M}_2\boldsymbol{M}_1(\boldsymbol{I}_3\otimes\boldsymbol{R}_6^P)\boldsymbol{x}(t)\\&:=\widetilde{\boldsymbol{M}}_2\boldsymbol{x}(t).\end{aligned}$$

于是有

$$\begin{aligned}\widetilde{\boldsymbol{M}}_2&=\boldsymbol{M}_2\boldsymbol{M}_1(\boldsymbol{I}_3\otimes\boldsymbol{R}_6^P)\\&=\delta_2[2,1,1,1,2,1,2,1,1,1,2,1,2,1,1,1,2,1].\end{aligned}$$

同样地,可得

$$\begin{aligned}\boldsymbol{x}_3(t+1)&=\boldsymbol{M}_3\boldsymbol{x}_1(t+1)\boldsymbol{x}_2(t+1)\boldsymbol{x}_3(t)\\&:=\widetilde{\boldsymbol{M}}_3\boldsymbol{x}(t),\end{aligned}$$

其中

$$\begin{aligned}\widetilde{\boldsymbol{M}}_3&=\boldsymbol{M}_3\boldsymbol{M}_1(\boldsymbol{I}_{18}\otimes\widetilde{\boldsymbol{M}}_2)\boldsymbol{R}_{18}^P(\boldsymbol{I}_6\otimes\boldsymbol{R}_3^P)\\&=\delta_3[2,3,3,3,2,3,2,3,3,3,2,3,2,3,3,3,2,3].\end{aligned}$$

最后可得局势演化方程为

$$\boldsymbol{x}(t+1)=\boldsymbol{L}\boldsymbol{x}(t),$$

其中

$$\begin{aligned}\boldsymbol{L}&=\widetilde{\boldsymbol{M}}_1*\widetilde{\boldsymbol{M}}_2*\widetilde{\boldsymbol{M}}_3\\&=[17,3,9,9,17,9,17,3,9,9,17,9,17,3,9,9,17,9].\end{aligned}$$

有些策略更新规则(如无条件模仿更新规则)一般只适用于网络演化博弈(网络演化博弈有一个网络图). 如果将无条件模仿更新规则用于一般演化博弈(没有网络图的情形),则一次演化之后,所有玩家采取的策略就都一样了,这种情况没什么意义. 但在网络演化博弈中,每一个玩家都只在自己的邻域中选择模仿对象,这样就会出现丰富的演化过程.

再从演化方程的形式看,式(3.2.41)是最常见的一种,也是我们研究的主要对象. 虽然由上一节介绍的几种策略更新规则,我们都可以得到这种形式的演化方程,但并不是由所有的策略更新规则都可以得到这种形式的演化方程.

3.2.2.4　策略的收敛性

与微分方程类似,策略演化方程最强的稳定性是全局“渐近稳定”. 但由于有限博弈策略的有界(限)性,只要其全局收敛就足够了. 仿照微分方程的理论,我们可以通过构造李雅普诺夫函数的方法来验证策略的收敛性.

定义 3.2.2 给定一个演化博弈 G,设 $|N|=n$, $|S_i|=k_i$, $i=1,2,\cdots,n$, $k:=\prod_{i=1}^{n}k_i$.

· 设伪逻辑函数 $\psi:\Delta_k\to\mathbb{R}$ 满足

$$\psi(\boldsymbol{x}(t+1))-\psi(\boldsymbol{x}(t))\geqslant\boldsymbol{0},\quad t\geqslant 0,\tag{3.2.58}$$

并且,如果 $\psi(\boldsymbol{x}(t+1))=\psi(\boldsymbol{x}(t))$,则必有 $\boldsymbol{x}(t+1)=\boldsymbol{x}(t)$,那么,称该伪逻辑函数 ψ 为 G 的一个李雅普诺夫函数.

· 对于混合策略情形,用 ψ 的期望值代替 ψ,即 $E[\psi]:\boldsymbol{\Upsilon}_k\to\mathbb{R}$ 满足

$$E[\psi(\boldsymbol{x}(t+1))]-E[\psi(\boldsymbol{x}(t))]\geqslant\boldsymbol{0},\quad t\geqslant 0,\tag{3.2.59}$$

并且,如果 $E[\psi(\boldsymbol{x}(t+1))]=E[\psi(\boldsymbol{x}(t))]$,则必有 $E[\boldsymbol{x}(t+1)]=E\boldsymbol{x}(t)$.

由定义 3.2.2 可推出如下结论.

定理 3.2.3 一个演化博弈,如果存在一个李雅普诺夫函数,则它一定会收敛到一个平衡点.

由于演化博弈的平衡点未必唯一,因此,其局势收敛到哪个平衡点依赖于初值.

设一个演化博弈的局势演化方程为

$$\boldsymbol{x}(t+1)=\boldsymbol{T}\boldsymbol{x}(t),\tag{3.2.60}$$

其中 $\boldsymbol{T}$ 为演化方程的结构矩阵,容易验证下面的引理.

引理 3.2.4 一个演化博弈 G 具有李雅普诺夫函数,当且仅当存在一个行向量 $\boldsymbol{V}_\psi\in\mathbb{R}^k$,使得

$$\boldsymbol{V}_\psi(\boldsymbol{T}-\boldsymbol{I}_k)\geqslant\boldsymbol{0}.$$

而且,如果 $\boldsymbol{V}_\psi(\boldsymbol{T}-\boldsymbol{I}_k)=\boldsymbol{0}$,则存在 j 使得 $\mathrm{Col}_j(\boldsymbol{T})=\boldsymbol{\delta}_k^j$.

利用这个引理可以得到下面的结论.

定理 3.2.4 设演化博弈 G 的局势演化方程为(3.2.60),其中 $\boldsymbol{T}=\delta_k[i_1,i_2,\cdots,i_k]$,则演化博弈 G 具有李雅普诺夫函数 $\boldsymbol{V}_\psi=[a_1,a_2,\cdots,a_k]$,当且仅当

(i) 不等式方程组

$$a_{i_j}\geqslant a_j,\quad j=1,2,\cdots,k\tag{3.2.61}$$

有解 a_j, $j=1,2,\cdots,k$;

(ii) 若 $a_{i_j}=a_j$,则有 $i_j=j$.

例 3.2.5 已知一个正规博弈 $G=(N,S,C)$,其中 $N=\{1,2\}$, $S_1=\{1,2\}$,

$S_2=\{1,2,3\}$，其支付矩阵见表 3.2.7. 使用 MBRA，我们有最佳响应函数（见表 3.2.8）.

表 3.2.7　例 3.2.5 的支付矩阵

C	s					
	11	12	13	21	22	23
c_1	1.1	1.8	2.0	2.2	1.6	3.2
c_2	3.3	2.8	3.1	2.5	3.6	4.1

表 3.2.8　例 3.2.5 的最佳响应函数

f	s					
	11	12	13	21	22	23
f_1	2	1	2	2	1	2
f_2	1	1	1	3	3	3

使用并联 MBRA，可得

$$\boldsymbol{x}_1(t+1)=\delta_2[2,1,2,2,1,2]\boldsymbol{x}(t):=\boldsymbol{M}_1\boldsymbol{x}(t),$$

$$\boldsymbol{x}_2(t+1)=\delta_3[1,1,1,3,3,3]\boldsymbol{x}(t):=\boldsymbol{M}_2\boldsymbol{x}(t),$$

于是可得局势演化方程为

$$\begin{aligned}\boldsymbol{x}(t+1)&=\boldsymbol{M}\boldsymbol{x}(t)=\boldsymbol{M}_1*\boldsymbol{M}_2\boldsymbol{x}(t)\\&=\delta_6[4,1,4,6,3,6]\boldsymbol{x}(t).\end{aligned}\tag{3.2.62}$$

如果选

$$P(\boldsymbol{x})=\delta_6[2,1,4,5,3,6]\boldsymbol{x}:=\boldsymbol{V}_P\boldsymbol{x},\tag{3.2.63}$$

则有

$$\boldsymbol{V}:=\boldsymbol{V}_P(\boldsymbol{M}-\boldsymbol{I}_6)=[3,1,1,1,1,0]\geqslant\boldsymbol{0}.$$

最后，可以验证 $V_j=0$，则 $j=6$. 而当 $j=6$ 时，我们有 $\mathrm{Col}_j(\boldsymbol{M})=\boldsymbol{\delta}_6^j$. 因此，$P(\boldsymbol{x})$是该演化博弈的李雅普诺夫函数. 因为平衡点唯一，所以该演化博弈全局收敛.

3.3 习题与思考题

3.3.1 习 题

(1) 举一个身边常见的有限博弈例子,并写出其支付矩阵.

(2) 考虑例 3.1.7 中的田忌赛马博弈,写出该博弈的结构向量.

(3) 已知寡头竞争博弈的支付双矩阵见表 3.3.1,两个玩家 B 与 K 各有三种策略,即策略 1、策略 2 和策略 3.

表 3.3.1 寡头竞争博弈的支付双矩阵

玩家 B	玩家 K		
	1	2	3
1	10,10	−1,−12	−1,15
2	−12,−1	8,8	−1,−1
3	15,−1	−1,−1	0,0

(i)将该支付双矩阵表示为单矩阵形式.

(ii)该博弈是否有纯纳什均衡点?

(4) 两个人玩猜硬币游戏,每人各出一枚. 揭开后,若均为正面朝上或正面朝下,则甲赢; 若一枚正面朝上而另一枚正面朝下,则乙赢. 找出该博弈的纳什均衡点.

(5) 考虑一非对称二人博弈,其支付双矩阵见表 3.3.2. 该博弈是否为势博弈? 如果是,请计算相应的势函数.

表 3.3.2 非对称二人博弈的支付双矩阵

P_1	P_2	
	1	2
1	(1,3)	(2,2)
2	(3,4)	(4,3)

3.3.2 思考题

(1) 两人玩石头-剪刀-布游戏. 策略更新规则是:(i)这次赢了,下次就不动;(ii)这次输了,下次就取对方这次的策略;(iii)这次平了,下次就取能够胜这次策略的策略. 试写出该博弈的局势演化方程,并分析其演化性质.

(2) A,B,C 三人玩囚徒困境博弈,即三人同时各选一个策略. 根据 A 与 B 的策略判定 A 在与 B 的博弈中所得,记为 $c_{A,B}$;再根据 A 与 C 的策略判定 A 在与 C 的博弈中所得,记为 $c_{A,C}$;最后,A 在本轮博弈中的所得为 $c_A=c_{A,B}+c_{A,C}$. 类似地,可以计算 c_B 和 c_C. 设支付双矩阵可表示为表 3.3.3. 三人的策略更新规则如下:

- A:无条件模仿.
- B,C:短视最优响应.

(i) 试写出该博弈的局势演化方程;

(ii) 讨论该博弈局势演化方程的收敛性.

表 3.3.3　囚徒困境的支付双矩阵

P_1	P_2	
	1	2
1	−1,−1	−10,0
2	0,−10	−5,−5

(3) 如果势博弈按照确定型短视最优响应更新其策略,讨论其势函数是否为该演化博弈的李雅普诺夫函数.

第 4 章　迁移系统与有限自动机

> 机器的崛起揭露了闭环反馈、自稳定系统、能够“自我”调整行为和学习的机器的魔力.自动机自此有了它们的目标,甚至可以进行自我复制.机器突然变得栩栩如生了.
>
> ——瑞德:《机器崛起:遗失的控制论历史》

4.1　基础知识

4.1.1　预备知识

计算机科学是研究机器计算的数学基础,机器计算包括机器的计算能力和它的极限.为了达到计算的目的,就必须给计算机设计一个既简单、便于分析,又能实现相关计算过程的数学模型.被称为计算机之父的美国数学家、逻辑学家艾伦·麦席森·图灵于 1936 年提出了一个后来被称为“图灵机”的数学模型,为现代计算机的逻辑工作方式奠定了基础.

为了分析和掌握图灵机的原理,人们设计了许多更为简单的模型.有限自动机可以被看作其中最简单的一种.它们开始只是被用来模仿人脑功能,但后来被发现对于各种工程建模、机器人仿真等也极为有效.

有限自动机要处理的对象是符号序列,这些序列被称为形式语言.因此,我们有必要首先介绍形式语言及其相关的基本概念[21].

定义 4.1.1　(i) 一个字符集(alphabet)是一个非空的有限集合,记作 $\sum$.

(ii) 一个字(letter)是字符集中的一个元素.

(iii) 一个词(word)是一个字的有限长序列. 空词(长度为零的词)记作 ε.

例 4.1.1　(i) $\sum_1=\{a,b,c\}$, $\sum_2=\{0,1,2\}$, $\sum_3=\{\spadesuit,\heartsuit,\diamondsuit,\clubsuit\}$都是字符集.

(ii) a,b,c 都是 $\sum_1$ 上的字.

(iii) $\varepsilon,ab,ababc,\cdots$都是 $\sum_1$ 上的词.

两个词的串联(concatenation)就是将两个词依次连接起来. 类似于乘法,记

$$data\cdot base=database.$$

空词类似于 1,即对任意词 ω,有

$$\omega\cdot\varepsilon=\varepsilon\cdot\omega=\omega.$$

设 $\omega=abba$,则

$$\omega^2=abbaabba,\quad \omega^0=\varepsilon,\quad \varepsilon^0=\varepsilon,\quad \varepsilon^2=\varepsilon.$$

串联满足结合律,即设 u,v,ω 为词,则

$$(uv)\omega=u(v\omega).$$

一个词的前部字串称为前缀(prefix). 例如,$\omega=abaca$ 的前缀共六个,分别为 $\varepsilon,a,ab,aba,abac,abaca$.

一个词的后部字串称为后缀(suffix). 例如,$\omega=abaca$ 的后缀共六个,分别为 $\varepsilon,a,ca,aca,baca,abaca$.

给定字符集 $\sum$ 的一个形式语言是$\sum$ 上的一个词的集合. 它可以是有限集合,也可以是无限集合. 例如,$\sum=\{a,b,c\}$ 的形式语言如下:

$$\{a,ab,abc\};$$
$$\{(abc)^n\mid n=1,2,\cdots\};$$
$$\{\varepsilon\};\quad \phi.$$

记 $\sum$ 上的所有词的集合为$\sum^*$,所有非空词的集合为

$$\sum^+=\sum^*\backslash\{\varepsilon\}.$$

4.1.2　确定型有限自动机

定义 4.1.2　一个确定型有限自动机是一个五元组,记作 $A=(Q,\sum,\delta,$

q_0, F)，其中

(i) $Q=\{x_1,x_2,\cdots,x_n\}$ 为有限状态集；

(ii) $\sum=\{u_1,u_2,\cdots,u_m\}$ 为一字符集；

(iii) $\delta: Q\times\sum\rightarrow Q$ 称为迁移函数(transition function)；

(iv) $q_0\in Q$ 为初始状态；

(v) $F\subset Q$ 为终态，终态也称为自动机可接受状态.

如果一个词作为输入字串时，最终状态是可接受的，则称这个词为有限自动机可接受的；否则，称为不可接受的. 有限自动机可接受的词的集合记作$L(A)$.

例 4.1.2 考察有限自动机 $A=(Q,\sum,\delta,q_0,F)$，其中

(i) $Q=\{x_1,x_2,x_3\}\sim\{1,2,3\}$；

(ii) $\sum=\{u_1,u_2\}\sim\{1,2\}$；

(iii) δ：

$\sum$	Q		
	1	2	3
1	2	3	1
2	1	1	3

；

(iv) $q_0=1$；

(v) $F=\{3\}$.

问：词 $w=12211$ 与 $w=22111$ 是否可接受？

解：(1) 由于

$$1\xrightarrow{1}2\xrightarrow{2}1\xrightarrow{2}1\xrightarrow{1}2\xrightarrow{1}3,$$

则 $\omega=12211$ 可接受.

(2) 由于

$$1\xrightarrow{2}1\xrightarrow{2}1\xrightarrow{1}2\xrightarrow{1}3\xrightarrow{1}1,$$

则 $\omega=22111$ 不可接受.

一个有限自动机通常可以用其状态迁移图来表示. 图 4.1.1 表示例 4.1.2 中的有限自动机. 图中没有起点的箭头指向初始状态，灰色圈表示终态.

下面用我们熟悉的矩阵半张量积的方法表示一个有限自动机.

设 $Q=\{x_1,x_2,\cdots,x_n\}$，则可用 $\boldsymbol{x}_i=\boldsymbol{\delta}_n^i(i\in[1,n])$ 表示；$\sum=\{u_1,u_2\cdots,u_m\}$，则可用 $\boldsymbol{u}_j=\boldsymbol{\delta}_m^j(j\in[1,m])$ 表示. 于是，迁移映射可表示为

$$\boldsymbol{x}(t+1)=\boldsymbol{L}\boldsymbol{u}(t)\boldsymbol{x}(t).$$

例如，考察例 4.1.2，易得 $\boldsymbol{L}=\delta_3[2,3,1,1,1,3]$，$\boldsymbol{x}(0)=\boldsymbol{\delta}_3^1$.

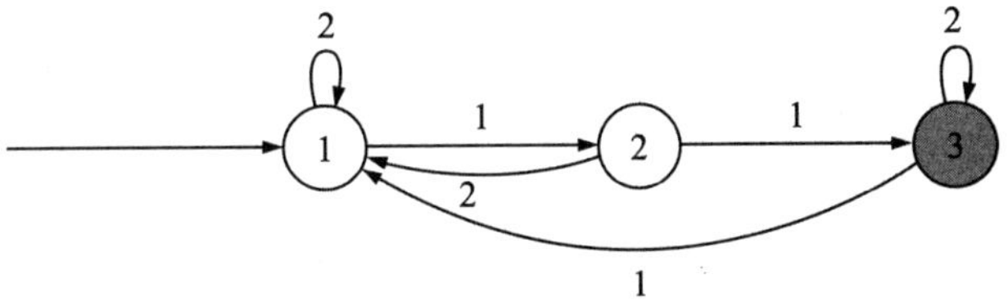

图 4.1.1　例 4.1.2 中的有限自动机的状态迁移图

现在考察可接受集. 设

$$\boldsymbol{y}(t)=\begin{cases}\boldsymbol{\delta}_2^1, & \boldsymbol{x}(t)\in\boldsymbol{F},\\ \boldsymbol{\delta}_2^2, & \boldsymbol{x}(t)\notin\boldsymbol{F},\end{cases}$$

则有 $\boldsymbol{y}(t)=\boldsymbol{H}\boldsymbol{x}(t)$，其中 $\boldsymbol{H}=\begin{bmatrix}0&0&1\\1&1&0\end{bmatrix}$. 例如，在例 4.1.2 中，易得 $\boldsymbol{H}=\delta_2[2,2,1]$.

例 4.1.3　考察有限自动机 $A=\{Q,\sum,\delta,q_0,F\}$，其中

(i) $Q=\{1,2,3,4,5,6,7,8,9,10\}$；

(ii) $\sum=\{1,2\}$；

(iii) δ：

$\sum$	Q									
	1	2	3	4	5	6	7	8	9	10
1	2	3	4	5	6	7	8	9	10	1
2	10	1	2	3	4	5	6	7	8	9

；

(iv) $q_0=5$；

(v) $F=\{3,6,9\}$.

该有限自动机的状态迁移图如图 4.1.2 所示，则

$$\begin{cases}\boldsymbol{x}(t+1)=\delta_{10}[2,3,4,5,6,7,8,9,10,1,10,1,2,3,4,5,6,7,8,9]\boldsymbol{u}(t)\boldsymbol{x}(t),\\ \boldsymbol{x}(0)=\boldsymbol{\delta}_{10}^5,\\ \boldsymbol{y}(t)=\delta_2[2,2,1,2,2,1,2,2,1,2]\boldsymbol{x}(t).\end{cases}$$

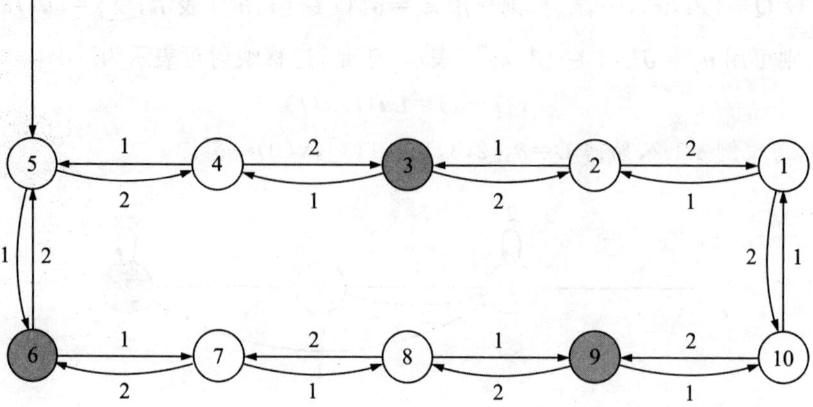

图 4.1.2　例 4.1.3 中的有限自动机的状态迁移图

例 4.1.4　考察有限自动机 $A=(Q,\sum,\delta,q_0,F)$，其中 $Q,\sum,q_0,F$ 同例 4.1.2. 设计 δ，使可接受词集为 $L(A)=\{\omega \mid 12 \text{ 为 } \omega \text{ 的后缀}\}$.

首先考察不管从哪里出发，该有限自动机经 12 都能到达 3，则有图 4.1.3 所示的状态迁移图.

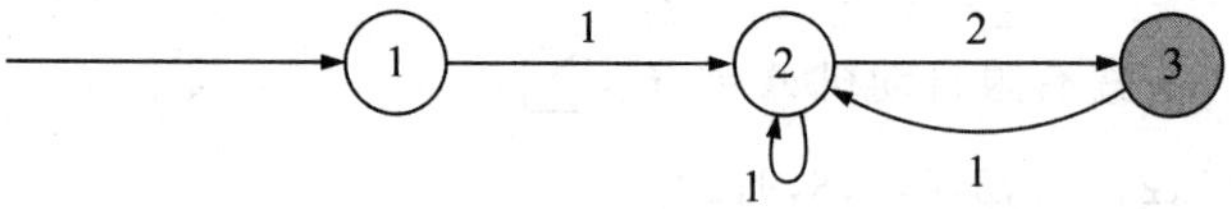

图 4.1.3　例 4.1.4 中的有限自动机经 12 可到达 3 的状态迁移图

再考察经 11,21,22 该有限自动机都不能到达 3，可得图 4.1.4 所示的状态迁移图.

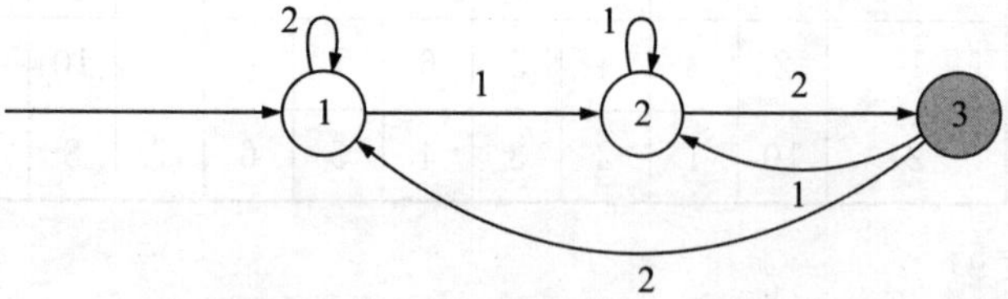

图 4.1.4　例 4.1.4 中的有限自动机经 11,21,22 不能到达 3 的状态迁移图

不难验证，满足这一条件的有限自动机是唯一的，其状态空间表达式为

$$
\begin{cases}
\boldsymbol{x}(t+1)=\delta_3[2,2,2,1,3,1]\boldsymbol{u}(t)\boldsymbol{x}(t),\\
\boldsymbol{x}(0)=\boldsymbol{\delta}_3^1,\\
\boldsymbol{y}(t)=\delta_2[2,2,1]\boldsymbol{x}(t).
\end{cases}
$$

例 4.1.5　考察有限自动机 A，其状态空间表达式为

$$\begin{cases} \boldsymbol{x}(t+1)=\delta_4[2,4,2,4,3,3,4,4]\boldsymbol{u}(t)\boldsymbol{x}(t), \\ \boldsymbol{x}(0)=\boldsymbol{\delta}_4^1, \\ \boldsymbol{y}(t)=\delta_2[2,2,2,1]\boldsymbol{x}(t). \end{cases}$$

找出它的可接受词集 $L(A)$.

解　先画出该有限自动机的状态迁移图，如图 4.1.5 所示.

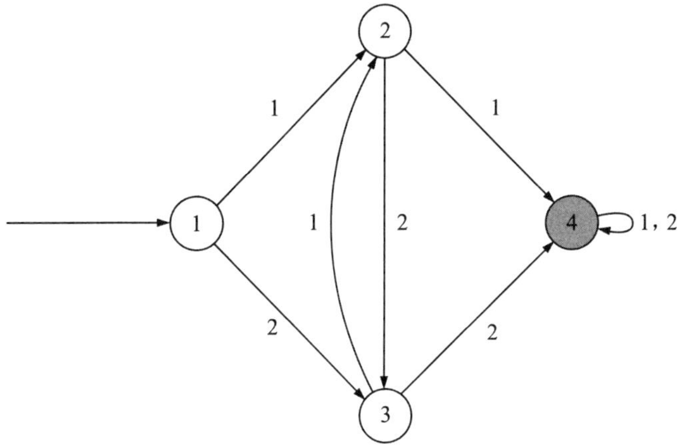

图 4.1.5　例 4.1.5 中的有限自动机的状态迁移图

由图不难发现，该有限自动机的可接受词集为 $L(A)=\{\omega\,|\,\omega$ 包括子词 11 或 22$\}$.

注　子词指词中一段连续的字集.

4.1.3　不确定型有限自动机

定义 4.1.3　一个不确定型有限自动机是一个五元组，记作 $A=(Q,\sum,\delta,q_0,F)$，其中元素 $Q,\sum,q_0\in Q,F$ 与确定型有限自动机相同，但 $\delta:Q\times\sum\rightarrow 2^Q$，这里 2^Q 为 Q 的子集族.

与确定型有限自动机不同，不确定型有限自动机的迁移函数 δ 的像集是状态 Q 的子集族. 迁移函数的像可能是空集，此时迁移停止；也可能包含不止一个状态，此时迁移不确定. 这就是不确定型有限自动机与确定型有限自动机的不同之处.

例 4.1.6　考察有限自动机 A，其状态迁移图如图 4.1.6 所示.

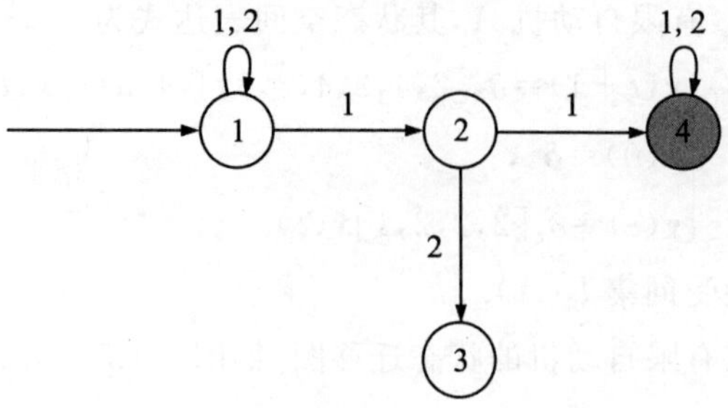

图 4.1.6 例 4.1.6 中的有限自动机的状态迁移图

该有限自动机的状态空间表达式为

$$\begin{cases} \boldsymbol{x}(t+1)=\boldsymbol{L}\boldsymbol{u}(t)\boldsymbol{x}(t), \\ \boldsymbol{x}(0)=\boldsymbol{\delta}_4^1, \\ \boldsymbol{y}(t)=\boldsymbol{H}\boldsymbol{x}(t)=\delta_2[2,2,2,1]\boldsymbol{x}(t), \end{cases}$$

其中

$$\boldsymbol{L}=\begin{bmatrix} 1 & 0 & 0 & 0 & 1 & 0 & 0 & 0 \\ 1 & 0 & 0 & 0 & 0 & 0 & 0 & 0 \\ 0 & 0 & 0 & 0 & 0 & 1 & 0 & 0 \\ 0 & 1 & 0 & 1 & 0 & 0 & 0 & 1 \end{bmatrix}.$$

注 这里的结构矩阵 $\boldsymbol{L}$ 不再是逻辑矩阵.

定义 4.1.4 如果对一个有限自动机中的每一个 $q\in Q$,都有 $\delta(q,\sum)\neq\phi$,则称该有限自动机为完整的(completed);否则,称它是不完整的. 如果对一个有限自动机中的每一个 $q\in Q$,每一个 $u\in\sum$,都有 $|\delta(q,u)|\leqslant 1$,则称该有限自动机为确定的;否则,称它是不确定的.

显然,例 4.1.6 中的有限自动机既不完整,也不确定.

对于不确定型有限自动机,在考察可接受词集时,我们需将 $\delta(q,\sum)$ 推广到 $\delta(q,\sum^*)$. $\delta(q,\sum^*)$ 是指从 q 出发,当输入为一个词时的输出集合. 例如,考察例 4.1.6 中的有限自动机,设输入为词 $\omega=1211$,则

$$\delta(1,1)=\{1,2\},$$
$$\delta(1,12)=\{1,3\},$$
$$\delta(1,121)=\{1,2\},$$
$$\delta(1,\omega)=\delta(1,1211)=\{1,2,4\}.$$

不确定型有限自动机的可接受词集的定义如下：

$$L(A)=\{\omega \in \sum^{*} \mid \delta(q_0,\omega) \cap F \neq \phi \}.$$

例 4.1.7　构造一个最小的不确定型有限自动机 A，使 $L(A)=\{\omega \mid 12$ 为 ω 的后缀$\}$.

不难验证，图 4.1.7 中的有限自动机满足要求.

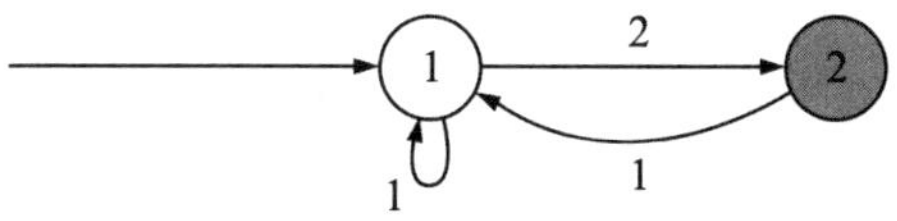

图 4.1.7　例 4.1.7 中的有限自动机的状态迁移图

通过简单计算，可得该有限自动机的状态空间表达式为

$$\begin{cases} \boldsymbol{x}(t+1)=\begin{bmatrix} 1 & 1 & 0 & 0 \\ 0 & 0 & 1 & 0 \end{bmatrix} \boldsymbol{u}(t)\boldsymbol{x}(t), \\ \boldsymbol{x}(0)=\boldsymbol{\delta}_2^1, \\ \boldsymbol{y}(t)=\delta_2[2,1]\boldsymbol{x}(t). \end{cases}$$

若增加足够多的状态个数，即将不确定型有限自动机 2^Q 的相关子集作为状态，一个不确定型有限自动机就可以转化为一个确定型有限自动机.

例 4.1.8　考察例 4.1.6 中的有限自动机 A. 定义 2^Q 中的相关元素如下：

$$\phi:=1,\quad \{1\}:=2,\quad \{2\}:=3,\quad \{3\}:=4,$$
$$\{4\}:=5,\quad \{1,2\}:=6,\quad \{1,3\}:=7,\quad \{1,4\}:=8,$$
$$\{1,2,4\}:=9,\quad \{1,3,4\}:=10,$$

则有

$$\boldsymbol{x}(t+1)=\delta_{10}[1,6,5,1,5,9,6,9,9,9,1,2,4,1,5,7,2,8,10,8]\boldsymbol{u}(t)\boldsymbol{x}(t),$$
$$\boldsymbol{x}(0)=\boldsymbol{\delta}_{10}^2,$$
$$\boldsymbol{y}(t)=\delta_2[2,2,2,2,1,2,2,1,1,1]\boldsymbol{x}(t).$$

4.1.4　迁移系统

迁移系统可以看作有限自动机与离散时间动态系统的一种统一模型. 它既可以用来刻画有限自动机，也可以用作离散时间动态系统的建模[22].

定义 4.1.5　一个迁移系统是一个五元组，记作 $T=(X,\sum,\delta,O,h)$，其中

(i) X 为状态集；

(ii) $\sum$ 为输入集;

(iii) $\delta: X \times \sum \to 2^X$ 为迁移函数;

(iv) O 为输出集;

(v) $h: X \to O$ 为输出映射.

迁移系统一般不要求 $X, \sum$ 及 O 为有限集合. 当它们为有限集合时,也可以用状态迁移图来刻画迁移系统.

例 4.1.9 图 4.1.8 是一个迁移系统 T 的状态迁移图.

这里

$$X=(X_1,X_2,X_3,X_4,X_5), \quad \sum=(\sigma_1,\sigma_2),$$
$$\delta(X_1,\sigma_1)=\{X_2,X_3\}, \quad \delta(X_1,\sigma_2)=\phi,$$
$$\delta(X_2,\sigma_1)=\{X_2,X_3\}, \quad \delta(X_2,\sigma_2)=\{X_4\},$$
$$\delta(X_3,\sigma_1)=\phi, \quad \delta(X_3,\sigma_2)=\{X_2,X_3,X_5\},$$
$$\delta(X_4,\sigma_1)=\{X_4\}, \quad \delta(X_4,\sigma_2)=\{X_2,X_5\},$$
$$\delta(X_5,\sigma_1)=\{X_3,X_4\}, \quad \delta(X_5,\sigma_2)=\phi,$$
$$O=(O_1,O_2,O_3),$$
$$h(X_1)=O_1, \quad h(X_2)=O_2, \quad h(X_3)=O_2,$$
$$h(X_4)=O_3, \quad h(X_5)=O_2.$$

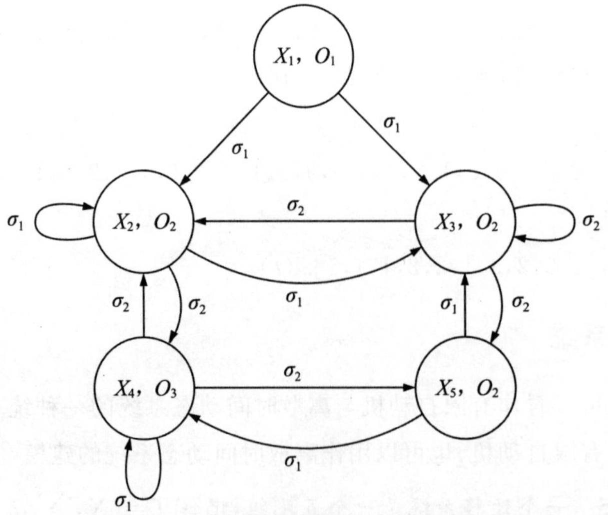

图 4.1.8 例 4.1.9 中的迁移系统的状态迁移图

该迁移系统的状态空间表达式为

$$\begin{cases} \boldsymbol{x}(t+1)=\boldsymbol{L}\boldsymbol{u}(t)\boldsymbol{x}(t), \\ \boldsymbol{y}(t)=\boldsymbol{H}\boldsymbol{x}(t), \end{cases}$$

其中

$$\boldsymbol{L}=\begin{bmatrix} 0 & 0 & 0 & 0 & 0 & 0 & 0 & 0 & 0 & 0 \\ 1 & 1 & 0 & 0 & 0 & 0 & 0 & 1 & 1 & 0 \\ 1 & 1 & 0 & 0 & 1 & 0 & 0 & 1 & 0 & 0 \\ 0 & 0 & 0 & 1 & 1 & 0 & 1 & 1 & 0 & 0 \\ 0 & 0 & 0 & 0 & 0 & 0 & 0 & 0 & 1 & 0 \end{bmatrix},$$

$$\boldsymbol{H}=\delta_3[1,2,2,3,2].$$

如果存在 $\{X_1,X_2,\cdots,X_n\}$，使得 $X_{i+1}\in\delta(X_i,\sum)$，$i=[1,n-1]$，则称 X_n 为 X_1 可达的. 一个迁移系统，如果它的状态空间表达式为

$$\boldsymbol{x}(t+1)=\boldsymbol{L}\boldsymbol{u}(t)\boldsymbol{x}(t),\quad \boldsymbol{x}(t)\in\Delta_n,\ \boldsymbol{u}(t)\in\Delta_m,$$

令 $\boldsymbol{L}=[\boldsymbol{L}_1,\boldsymbol{L}_2,\cdots,\boldsymbol{L}_m]$，$\boldsymbol{M}=\sum_{j=1}^{m}{}_{\mathcal{B}}\boldsymbol{L}_j$，$\mathcal{C}=\prod_{i=1}^{n}{}_{\mathcal{B}}\boldsymbol{M}^{(i)}$，其中 $\boldsymbol{L}_j\in\mathcal{B}_{n\times n}$，$j=1,2,\cdots,m$，且 $\mathcal{C}$ 表示 i 个矩阵 $\boldsymbol{M}$ 的布尔乘积，则有

(i) 系统从 q 到 p 是可达的，当且仅当 $\mathcal{C}_{pq}=1$.

(ii) 系统从 q 出发处处可达，当且仅当 $\mathrm{Col}_q(\mathcal{C})=\boldsymbol{1}_n$.

(iii) 系统完全可达，当且仅当 $\mathcal{C}=\boldsymbol{1}_{n\times n}$.

一个迁移系统，如果没有输入，则称其为自治的迁移系统. 一个自治的迁移系统可表示为 $T=(X,\delta,O,h)$，其中 $\delta:X\to 2^X$.

例 4.1.10　图 4.1.9 是一个自治的迁移系统的状态迁移图.

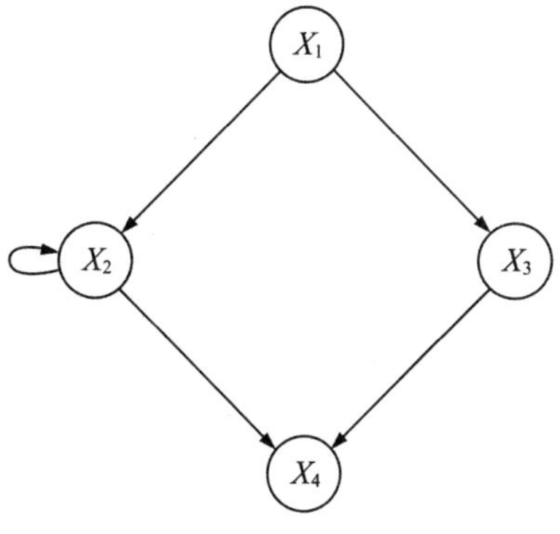

图 4.1.9　例 4.1.10 中的迁移系统的状态迁移图

该迁移系统的状态空间表达式为 $\boldsymbol{x}(t+1)=\boldsymbol{L}\boldsymbol{x}(t)$，其中

$$\boldsymbol{L}=\begin{bmatrix}0&0&0&0\\1&1&0&0\\1&0&0&0\\0&1&1&0\end{bmatrix}.$$

计算布尔网络或 k 值逻辑网络不动点与极限环的公式可以用于计算自治迁移系统的不动点与极限环.

4.2 进阶导读

以上介绍了关于有限自动机的基本知识，但是，在特定的工程应用场景中，上节介绍的几个模型无法准确刻画复杂的动态行为. 比如：在工业过程中，某些事件是不可控制的[23]；或者在序列电路中，基本元器件的失效事件具有随机性[24]；等等. 因此，非常有必要建立更有效的有限自动机模型. 下面介绍受控有限自动机和概率有限自动机.

4.2.1 受控有限自动机

受控有限自动机也可表示成五元组 $A=(Q,\sum,\delta,q_0,F)$ 的形式，其中 Q，q_0，F 与有限自动机相同. 但有限事件集 $\sum$ 被划分成两部分，即 $\sum=\sum_c\cup\sum_{uc}$，其中 $\sum_c$ 表示可控事件集，即该集合内事件存在使能状态和禁止状态两种状态；$\sum_{uc}$ 表示不可控事件集，即该集合内事件不可被禁止. $\delta:Q\times\sum\rightarrow2^Q$ 表示状态转移函数.

注 将事件建模为不可控的原因包括：①事件本质上是不可预防的（如故障事件）；②不可避免的硬件或驱动限制；③因某些事件具有高优先级而不应该被禁用时，或者事件代表系统时钟；等等.

用 $\gamma:\sum\rightarrow\{0,1\}$ 表示控制模式，即如果 $u\in\sum_c$，则 $\gamma(u)=1$ 和 $\gamma(u)=0$ 分别表示事件 u 处于使能状态和禁止状态；如果 $u\in\sum_{uc}$，则 $\gamma(u)=1$ 表示事件 u 一直处于使能状态. 用 $\Gamma:Q\rightarrow2^{\Sigma}$ 表示受控有限自动机 A 的可行事件函

数，即 $\Gamma(x)$ 表示状态 x 满足条件 $|\delta(x,u)|>0$ 的所有事件集合. 基于矩阵半张量积，$\Gamma(x)$ 可表示成代数方程的形式：$\boldsymbol{u}(t)=\boldsymbol{E}\boldsymbol{x}(t)$，其中 $\boldsymbol{u}(t)=(u_1(t), u_2(t),\cdots,u_m(t))^{\mathrm{T}}$ 表示可行事件对应的向量表示，即如果 $|\delta(x(t),u_k)|>0$，$u_k(t)=1$；否则，$u_k(t)=0$. 矩阵 $\boldsymbol{E}\in\mathcal{B}_{m\times n}$ 可定义如下：

$$E_{(k,i)}=\begin{cases}1, & |\delta(x_i,u_k)|>0,\\ 0, & \text{其他}.\end{cases}$$

下面给出受控有限自动机的具体定义.

定义 4.2.1　一个受控有限自动机是一个五元组，记作 $A_c=(Q,\gamma\times\sum,\delta_c,q_0,F)$，其中，$Q,q_0,F$ 与有限自动机相同；$\gamma,\sum$ 如上所述；$\delta_c:Q\times\gamma\times\sum\to 2^Q$ 表示受控状态转移函数：

$$\delta_c(x,\gamma,u)=\begin{cases}\delta(x,u), & |\delta(x,u)|>0\ \text{且}\ \gamma(u)=1,\\ \phi, & \text{其他}.\end{cases}\tag{4.2.1}$$

下面利用我们熟悉的矩阵半张量积方法，建立受控有限自动机 A_c 的状态空间表达式. 设 $Q=\{x_1,x_2,\cdots,x_n\}$，则可用 $\boldsymbol{x}_i=\boldsymbol{\delta}_n^i(i\in[1,n])$ 表示；$\sum=\{u_1,u_2,\cdots,u_m\}$，则可用 $\boldsymbol{u}_k\sim\boldsymbol{\delta}_m^k(k\in[1,m])$ 表示. 定义受控有限自动机的状态转移结构矩阵为

$$\boldsymbol{L}^c:=[\boldsymbol{L}_1^c,\boldsymbol{L}_2^c,\cdots,\boldsymbol{L}_m^c]\in\mathcal{B}_{n\times mn}\tag{4.2.2}$$

其中 $\boldsymbol{L}_k^c\in\mathcal{B}_{n\times n}$ 为布尔矩阵，可定义为

$$L_{k(l,i)}^c=\begin{cases}1, & \boldsymbol{\delta}_n^l\in\delta_c(\boldsymbol{\delta}_n^i,\gamma,\boldsymbol{\delta}_m^k),\\ 0, & \text{其他}.\end{cases}\tag{4.2.3}$$

因此，受控有限自动机的状态空间表达式为

$$\begin{cases}\boldsymbol{x}(t+1)=\boldsymbol{L}^c\boldsymbol{u}(t)\boldsymbol{x}(t),\\ \boldsymbol{y}(t)=\boldsymbol{H}\boldsymbol{x}(t),\end{cases}\tag{4.2.4}$$

其中，$\boldsymbol{x}(t)$代表从初始状态 $\boldsymbol{x}(0)$出发 t 步到达的状态；$\boldsymbol{y}(t)$是相对应的输出，$\boldsymbol{u}(t)$ 是输入向量；$\boldsymbol{H}$ 是输出结构矩阵.

记矩阵 $\boldsymbol{D}$ 为在所有容许事件下系统状态的一步转移矩阵，我们有以下结论：

命题 4.2.1[25]　考察受控有限自动机 A_c，其状态空间表达式为(4.2.4)，则有

$$\boldsymbol{D}:=\boldsymbol{L}^c\ltimes_{\mathcal{B}}\boldsymbol{E}\ltimes_{\mathcal{B}}\boldsymbol{\Phi}_n=\sum_{k=1}^{m}{}_{\mathcal{B}}\boldsymbol{L}_k^c,\tag{4.2.5}$$

其中 $\boldsymbol{\Phi}_n$ 是降幂矩阵.

4.2.2 概率有限自动机

定义 4.2.2 概率有限自动机可以用一个四元组 $A^p=(Q,\sum,P,\boldsymbol{q}^0)$ 表示,其中,$Q,\sum$ 与上节相同;$\boldsymbol{q}^0$ 表示初始状态的概率分布向量;$P:Q\times\sum\times Q\to[0,1]$ 为状态转移概率函数,即对于所有 $x_i,x_j\in Q,u_k\in\sum,P(x_i,u_k,x_j)$ 表示从状态 x_i 出发,在事件 u_k 的驱动下到达状态 x_j 的概率,简记为 P_{ij}^k. 该状态转移概率函数需满足规范性条件 $\sum_{u_k\in\sum}\sum_{x_j\in X}P(x_i,u_k,x_j)=1$ 或者 $\sum_{u_k\in\sum}\sum_{x_j\in X}P(x_i,u_k,x_j)=0$.

注 (i) $\sum_{u_k\in\sum}\sum_{x_j\in X}P(x_i,u_k,x_j)=0$ 意味着 $P(x_i,u_k,x_j)=0$,即状态 x_i 在事件 u_k 下没有定义,此事件在概率有限自动机的状态迁移图中省略不写.

(ii)用 $\sum^*$ 表示事件集 $\sum$ 上的所有有限字符串 s,通过递推迭代的形式,状态转移概率函数 P 可以从事件集 $\sum$ 扩展到所有有限字符串 $s\in\sum^*$.

下面的例子给出一个具体的概率有限自动机.

例 4.2.1 考察概率有限自动机 $A^p=(Q,\sum,P,\boldsymbol{q}^0)$,其状态迁移图如图 4.2.1 所示,其中,状态集 $Q=\{x_1,x_2,x_3,x_4,x_5,x_6\}$,输入符号集 $\sum=\{\alpha,\beta\}$,$\boldsymbol{q}^0=[1,0,0,0,0,0]^{\mathrm{T}}$.

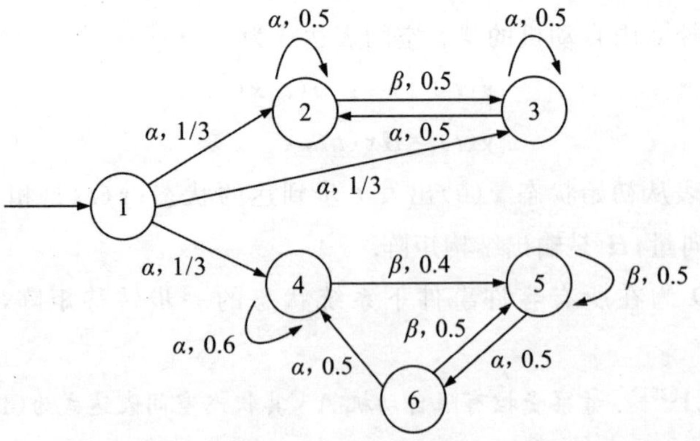

图 4.2.1 例 4.2.1 中的概率有限自动机的状态迁移图

通过观察可知，从状态 x_1（即图 4.2.1 中的节点 1）出发在事件 α 驱动下到达状态 x_2 的状态转移概率 $P(x_1,\alpha,x_2)=1/3$，同时，$P(x_1,\beta,x_2)=0$，则事件 β 不标记在图中.

在例 4.2.1 中，状态转移概率函数满足定义 4.2.2 中的规范性条件. 此外，还可定义另一类概率有限自动机，其状态转移概率函数满足规范性条件 $\sum_{x_j\in X}P(x_i,u_k,x_j)=1$ 或者 $\sum_{x_j\in X}P(x_i,u_k,x_j)=0$. 我们以下面的例子来说明.

例 4.2.2　考察概率有限自动机 $A^p=(Q,\sum,P,\boldsymbol{q}^0)$，其状态迁移图如图 4.2.2所示，其中，状态集 $Q=\{x_1,x_2,x_3,x_4,x_5\}$，输入符号集 $\sum=\{\alpha,\beta,\gamma\}$.

下面利用矩阵半张量积的方法，建立概率有限自动机的状态空间表达式. 设 $Q=\{x_1,x_2,\cdots,x_n\}$，则可用 $\boldsymbol{x}_i=\boldsymbol{\delta}_n^i(i\in[1,n])$ 表示；$\sum=\{u_1,u_2,\cdots,u_m\}$，则可用 $\boldsymbol{u}_k=\boldsymbol{\delta}_m^k(k\in[1,m])$ 表示. 定义转移概率结构矩阵为

$$\boldsymbol{L}^p:=[\boldsymbol{L}_1^p,\boldsymbol{L}_2^p,\cdots,\boldsymbol{L}_m^p]\in\mathcal{L}_{n\times mn}^p,\tag{4.2.6}$$

其中，$\boldsymbol{L}_k^p\in\mathcal{L}_{n\times n}^p$ 是一个子随机逻辑矩阵，是与事件 k 相关的转移概率矩阵，可进一步定义为

$$L_{k(j,i)}^p=\begin{cases}P_{ij}^k, & \boldsymbol{x}_j\in\delta(\boldsymbol{x}_i,\boldsymbol{u}_k),\\ 0, & \text{其他}.\end{cases}\tag{4.2.7}$$

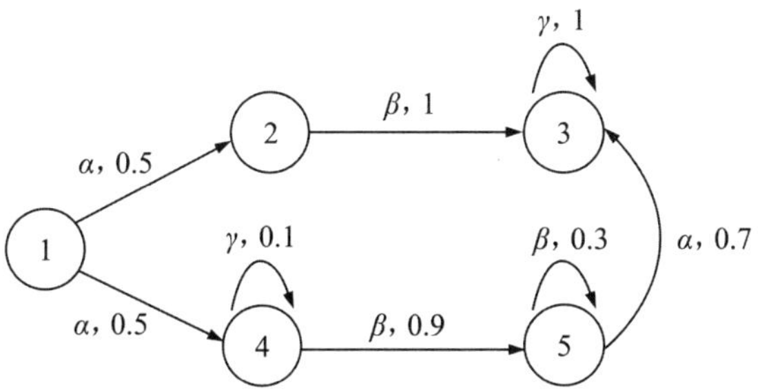

图 4.2.2　例 4.2.2 中的概率有限自动机的状态迁移图

命题 4.2.2[26]　考察概率有限自动机 $A^p=(Q,\sum,P,\boldsymbol{q}^0)$，其状态空间表达式如下：

$$E[\boldsymbol{x}(t+1)]=\boldsymbol{L}^p\boldsymbol{u}(t)E[\boldsymbol{x}(t)],\tag{4.2.8}$$

其中，$E[\boldsymbol{x}(t)]\in\mathcal{L}_{n\times 1}^p$ 表示到达状态 $\boldsymbol{x}(t)$ 的概率期望值；初始状态 $\boldsymbol{x}(0)$ 的概率

期望值定义为 $E[\boldsymbol{x}(0)]=\boldsymbol{q}^0$.

例 4.2.3 考察例 4.2.2 中的概率有限自动机 $A^p=(Q,\sum,P,\boldsymbol{q}^0)$. 令 $\boldsymbol{u}_k$ $(k\in[1,3])$ 代表事件 α,β,γ, 设 $\boldsymbol{x}_i=\boldsymbol{\delta}_5^i(i\in[1,5])$ 且 $\boldsymbol{u}_k=\boldsymbol{\delta}_3^k(k\in[1,3])$.

首先,根据命题 4.2.2,得到该概率有限自动机的状态空间表达式为 $E[\boldsymbol{x}(t+1)]=\boldsymbol{L}^p\boldsymbol{u}(t)E[\boldsymbol{x}(t)]$, 其中状态转移概率结构矩阵 $\boldsymbol{L}^p=[\boldsymbol{L}_1^p,\boldsymbol{L}_2^p,\boldsymbol{L}_3^p]$. 利用式(4.2.6),分别求出 $\boldsymbol{L}_1^p,\boldsymbol{L}_2^p,\boldsymbol{L}_3^p$ 如下:

$$\boldsymbol{L}_1^p=\begin{bmatrix}0&0&0&0&0\\0.5&0&0&0&0\\0&0&0&0&0.7\\0.5&0&0&0&0\\0&0&0&0&0\end{bmatrix},$$

$$\boldsymbol{L}_2^p=\begin{bmatrix}0&0&0&0&0\\0&0&0&0&0\\0&1&0&0&0\\0&0&0&0&0\\0&0&0&0.9&0.3\end{bmatrix},$$

$$\boldsymbol{L}_3^p=\begin{bmatrix}0&0&0&0&0\\0&0&0&0&0\\0&0&1&0&0\\0&0&0&0.1&0\\0&0&0&0&0\end{bmatrix}.$$

基于上述状态空间表达式,下面介绍概率有限自动机 A^p 的 k 步状态转移概率. 设 $\boldsymbol{u}(t)=\boldsymbol{\delta}_m^k$, 则命题 4.2.2 意味着 $E[\boldsymbol{x}(t+1)]=\boldsymbol{L}^p\boldsymbol{\delta}_m^kE[\boldsymbol{x}(t)]=\boldsymbol{L}_k^pE[\boldsymbol{x}(t)]$, 此时, $\boldsymbol{L}_k^p\in\mathcal{L}_{n\times n}^p$ 是在事件 $\boldsymbol{u}(t)=\boldsymbol{\delta}_m^k$ 驱动下由 $\boldsymbol{x}(t)$ 到 $\boldsymbol{x}(t+1)$ 的一步转移概率矩阵,记作 $\boldsymbol{P}^{(1)}(\boldsymbol{u}_k)$. 同时用符号 $\boldsymbol{P}^{(k)}(s)$ 表示系统在事件串 $s=u_{l_1}u_{l_2}\cdots u_{l_k}$ 驱动下的 k 步状态转移概率矩阵,该矩阵的 (i,j) 元素表示概率有限自动机在事件串 s 驱动下,状态 $\boldsymbol{x}_i$ 到状态 $\boldsymbol{x}_j$ 的 k 步状态转移概率. 根据矩阵半张量积的运算性质,显见有如下结论:

命题 4.2.3 考察概率有限自动机 $A^p=(Q,\sum,P,\boldsymbol{q}^0)$ 的动态状态空间表达式(4.2.8),以及一个事件串 $s=u_{l_1}u_{l_2}\cdots u_{l_k}\in\sum^*$, 则在事件串 s 下的 k 步状

态转移概率矩阵可表示为

$$P^{(k)}(s)=D^{k}W_{[m^{k},n]}\ltimes_{j=1}^{k}\delta_{m}^{l_j}, \tag{4.2.9}$$

其中，$D=L^{p}W_{[n,m]}$，$W_{[n,m]}$是换位矩阵.

4.2.3 不确定型有限自动机的不动点与极限环

一个无输入的不确定型有限自动机，其状态空间表达式为

$$x(t+1)=Lx(t), \tag{4.2.10}$$

这里 $x(t)\in\Delta_n$，$L\in\mathcal{B}_{n\times n}$为一布尔矩阵.

定义 4.2.3 给定一个不确定型有限自动机，其状态空间表达式为式(4.2.10)，如果 $x_0\in Lx_0$，则称 x_0 为该有限自动机的一个不动点；如果 $Lx_0=\{x_0\}$，则称 x_0 为该有限自动机的一个强不动点.

根据定义显见有如下结论：

命题 4.2.4 给定一个不确定型有限自动机，其状态空间表达式为式(4.2.10).

(i) $x_0=\delta_n^r$ 是该有限自动机的一个不动点，当且仅当 $L(r,r)=1$.

(ii) $x_0=\delta_n^r$ 是该有限自动机的一个强不动点，当且仅当 $\mathrm{Col}_r(L)=\delta_n^r$.

(iii) 该有限自动机的不动点个数

$$N_e=\mathrm{tr}(L). \tag{4.2.11}$$

定义 4.2.4 给定一个不确定型有限自动机，其状态空间表达式为式(4.2.10)，若其状态序列$(x_0,x_1\cdots,x_\ell)$满足 $x_\ell=x_0$，$x_i\neq x_j$，$i\neq j\ (\mathrm{mod}\ \ell)$，且

$$x_{i+1}\in Lx_i,\quad i\in[0,\ell-1],$$

则称$(x_0,x_1,\cdots,x_\ell)$为该有限自动机的一个极限环.

注 该有限自动机的极限环个数不能应用布尔网络极限环的计算公式计算. 因为不同的极限环会有交点. 这时，仍可考察 $L^{(k)}$，当有新的对角元出现时，就说明有新的极限环出现.

例 4.2.4 考察一个无输入的不确定型有限自动机，其状态空间表达式为式(4.2.10)，其中

$$L=\begin{bmatrix}1&0&0&1&0\\0&0&0&0&0\\0&1&1&0&1\\0&0&1&0&0\\0&1&1&1&0\end{bmatrix}.$$

(i) 由命题 4.2.4 中的式(4.2.11)知,该有限自动机有两个不动点:$\boldsymbol{\delta}_5^1$,$\boldsymbol{\delta}_5^3$,其中 $\boldsymbol{\delta}_5^1$ 为强不动点.

(ii)

$$
\boldsymbol{L}^{(2)}=\begin{bmatrix}1&0&1&1&0\\0&0&0&0&0\\0&1&1&1&1\\0&1&1&0&1\\0&1&1&0&1\end{bmatrix}.
$$

新增对角元为 $\boldsymbol{\delta}_5^5$,考察 $\boldsymbol{L}\boldsymbol{\delta}_5^5$ 及 $\boldsymbol{L}^{(2)}\boldsymbol{\delta}_5^5$ 可知,$\boldsymbol{\delta}_5^5\to\boldsymbol{\delta}_5^3\to\boldsymbol{\delta}_5^5$ 为长度为 2 的极限环.

再考察

$$
\boldsymbol{L}^{(3)}=\begin{bmatrix}1&1&1&1&1\\0&0&0&0&0\\0&1&1&1&1\\0&1&1&1&1\\0&1&1&1&1\end{bmatrix}.
$$

新增对角元为 $\boldsymbol{\delta}_5^4$,考察 $\boldsymbol{L}\boldsymbol{\delta}_5^4$,$\boldsymbol{L}^{(2)}\boldsymbol{\delta}_5^4$ 及 $\boldsymbol{L}^{(3)}\boldsymbol{\delta}_5^4$ 可知,$\boldsymbol{\delta}_5^4\to\boldsymbol{\delta}_5^5\to\boldsymbol{\delta}_5^3\to\boldsymbol{\delta}_5^4$ 为长度为 3 的极限环.

因为 $\boldsymbol{L}^{(4)}$,$\boldsymbol{L}^{(5)}$ 均不增加对角元,故没有其他极限环.

一个带输入的不确定型有限自动机,其状态空间表达式为

$$
\boldsymbol{x}(t+1)=\boldsymbol{L}\boldsymbol{u}(t)\boldsymbol{x}(t), \tag{4.2.12}
$$

这里 $\boldsymbol{x}(t)\in\Delta_n$ 为状态,$\boldsymbol{u}(t)\in\Delta_m$ 为输入,$\boldsymbol{L}\in\mathcal{B}_{n\times mn}$ 为布尔矩阵.

定义 4.2.5 给定一个带输入的不确定型有限自动机,其状态空间表达式为式(4.2.12),如果存在 $\boldsymbol{u}_0$,使得 $\boldsymbol{x}_0\in\boldsymbol{L}\boldsymbol{u}_0\boldsymbol{x}_0$,则称 $\boldsymbol{x}_0$ 为该有限自动机的一个输入不动点;如果存在 $\boldsymbol{u}_0$,使得 $\boldsymbol{L}\boldsymbol{u}_0\boldsymbol{x}_0=\{\boldsymbol{x}_0\}$,则称 $\boldsymbol{x}_0$ 为该有限自动机的一个强输入不动点.

根据定义 4.2.5 及命题 4.2.4,有如下结论:

命题 4.2.5 给定一个带输入的不确定型有限自动机,其状态空间表达式为式(4.2.12),记

$$
\boldsymbol{L}=[\boldsymbol{L}_1,\boldsymbol{L}_2,\cdots,\boldsymbol{L}_m],
$$

这里 $\boldsymbol{L}_i\in\mathcal{B}_{n\times n}$,$i\in[1,m]$.

(i) $x_0=\delta_n^r$ 是该有限自动机的一个输入不动点,当且仅当存在 $i\in[1,m]$ 使得 $L_i(r,r)=1$.

(ii) $x_0=\delta_n^r$ 是该有限自动机的一个强输入不动点,当且仅当存在 $i\in[1,m]$ 使得 $\mathrm{Col}_r(L_i)=\delta_n^r$.

(iii) 记 $L_u:=\sum_{i=1}^{m}{}_{\mathcal{B}}L_i$,则该有限自动机的输入不动点个数为

$$N_e=\mathrm{tr}(L_u). \tag{4.2.13}$$

定义 4.2.6 给定一个带输入的不确定型有限自动机,其状态空间表达式为式(4.2.12),若其状态序列 $(x_0,x_1,\cdots,x_\ell)$ 满足 $x_\ell=x_0, x_i\neq x_j, i\neq j\ (\mathrm{mod}\ \ell)$,且存在输入序列 $(u_0,u_1,\cdots,u_{\ell-1})$,使得

$$x_{i+1}\in Lu_ix_i,\quad i\in[0,\ell-1],$$

则称 $(x_0,x_1,\cdots,x_\ell)$ 为该有限自动机的一个输入极限环.

一个带输入的不确定型有限自动机的输入不动点可由命题 4.2.5 直接判断.其输入极限环可根据 L_u,利用与无输入的不确定型有限自动机相同的方法寻找.

例 4.2.5 考察一个带输入的不确定型有限自动机,其状态空间表达式为式(4.2.12),设 $x(t)\in\Delta_5, u(t)\in\Delta_2$,$L$ 为

$$L=\begin{bmatrix}0&1&0&0&0&0&1&0&0&1\\1&0&0&0&1&1&0&0&0&1\\0&0&1&0&1&0&1&1&0&1\\0&0&0&0&0&0&0&0&0&0\\1&1&0&1&1&0&0&1&0&0\end{bmatrix}.$$

(i) 它有两个输入不动点:δ_5^3,δ_5^5,其中 δ_5^3 为强输入不动点.

(ii)

$$L_u=\begin{bmatrix}0&1&0&0&1\\1&0&0&0&1\\0&1&1&0&1\\0&0&0&0&0\\1&1&1&1&1\end{bmatrix},$$

$$L_u^{(2)}=\begin{bmatrix}1&1&1&1&1\\1&1&1&1&1\\1&1&1&1&1\\0&0&0&0&0\\1&1&1&1&1\end{bmatrix}.$$

从 $\boldsymbol{L}_u^{(2)}$ 中不难看出，长度为 2 的输入极限环有 3 个：$\boldsymbol{\delta}_5^1 \to \boldsymbol{\delta}_5^2 \to \boldsymbol{\delta}_5^1$，$\boldsymbol{\delta}_5^2 \to \boldsymbol{\delta}_5^5 \to \boldsymbol{\delta}_5^2$，$\boldsymbol{\delta}_5^3 \to \boldsymbol{\delta}_5^5 \to \boldsymbol{\delta}_5^3$；长度为 3 的输入极限环有 2 个：$\boldsymbol{\delta}_5^1 \to \boldsymbol{\delta}_5^2 \to \boldsymbol{\delta}_5^5 \to \boldsymbol{\delta}_5^1$，$\boldsymbol{\delta}_5^2 \to \boldsymbol{\delta}_5^3 \to \boldsymbol{\delta}_5^5 \to \boldsymbol{\delta}_5^2$；长度为 4 的输入极限环有 1 个：$\boldsymbol{\delta}_5^1 \to \boldsymbol{\delta}_5^2 \to \boldsymbol{\delta}_5^3 \to \boldsymbol{\delta}_5^5 \to \boldsymbol{\delta}_5^1$.

因为 $\boldsymbol{L}_u^{(3)} = \boldsymbol{L}_u^{(2)}$，故该有限自动机不再有其他的输入极限环.

4.3 习题与思考题

4.3.1 习 题

(1) 设 $\sum = \{a, b, c\}$.

(i) 下面哪些是 $\sum$ 上的词？

$$\varepsilon,\quad ab12, (ab)^n,\quad a\varepsilon ac.$$

(ii) 设 $\omega = abbac$ 为 $\sum$ 上的词，写出 ω 的所有前缀、所有后缀和所有子词.

(2) 已知有限自动机 A 的状态空间表达式，画出其状态迁移图.

(i)

$$\begin{cases} \boldsymbol{x}(t+1) = \delta_4[1,1,2,4,2,1,3,3]\boldsymbol{u}(t)\boldsymbol{x}(t), \\ \boldsymbol{x}(0) = \boldsymbol{\delta}_4^3, \\ \boldsymbol{y}(t) = \boldsymbol{\delta}_2[1,2,2,1]\boldsymbol{x}(t). \end{cases}$$

(ii)

$$\begin{cases} \boldsymbol{x}(t+1) = \delta_5[2,3,4,5,1,5,1,2,3,4]\boldsymbol{u}(t)\boldsymbol{x}(t), \\ \boldsymbol{x}(0) = \boldsymbol{\delta}_5^1, \\ \boldsymbol{y}(t) = \boldsymbol{\delta}_2[2,2,2,2,1]\boldsymbol{x}(t). \end{cases}$$

(3) 已知图 4.3.1 和图 4.3.2 所示有限自动机 A 的状态迁移图，给出该自动机的状态空间表达式.

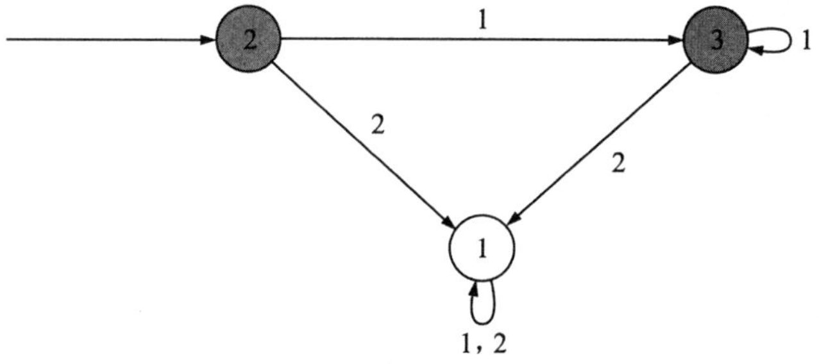

图 4.3.1

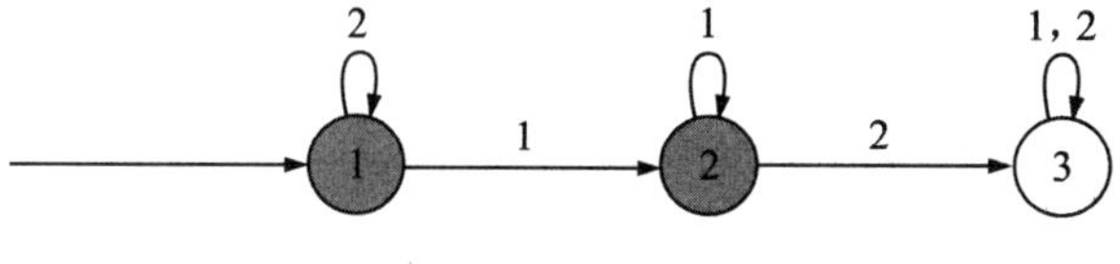

图 4.3.2

(4) 分别给出题(3)中两个有限自动机的可接受词集 $L(A)$.

(5) 考察有限自动机 $A=(Q,\sum,\delta,q_0,F)$，其中 $Q,\sum,q_0,F$ 同例 4.1.2. 设计满足以下条件的迁移函数 δ:

(i) $L(A)=\{\omega|\omega$ 具有奇数个 1$\}$;

(ii) $L(A)=\{\omega|\omega$ 具有子词 121$\}$;

(iii) $L(A)=\{\omega|\omega$ 以 1 开头且以 1 结尾$\}$;

(iv) $L(A)=\{\varepsilon,1,2\}$;

(v) $L(A)=\{\{1,2\}^*\}$.

(6) 构造一个最小的不确定型有限自动机 A，其中 $\sum=\{1,2\}$，使得 $L(A)=\{\omega|\omega$ 以 121 为子词$\}$.

(7) 考察有限自动机 A，其状态迁移图如图 4.3.3 所示.

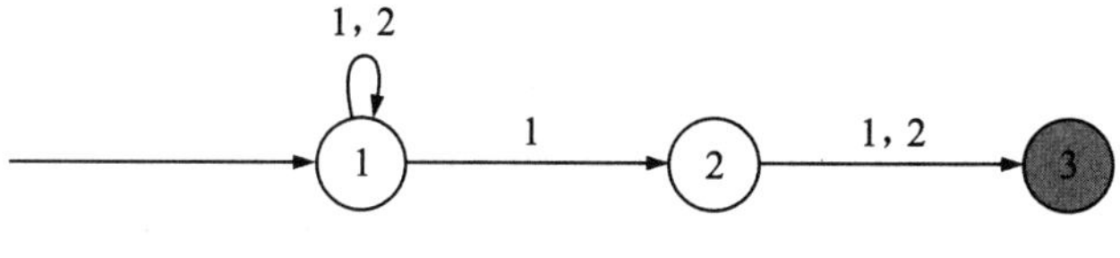

图 4.3.3

(i) 写出其状态空间表达式;

(ii) 找出 $L(A)$.

(8) 计算例 4.1.10 中迁移系统的不动点与极限环.

4.3.2 思考题

(1) 构造一个确定型有限自动机并画出其状态迁移图,它接受的语言为 $\{x \mid x \in \{0,1\}^*$,且当把 x 看成二进制数时,x 模 3 与 0 同余$\}$.

(2) 有限自动机在现实生活中随处可见. 考察一自动门,它可以被锁上,也可以被打开. 当门被锁上时,某人可以在它的槽中塞进一枚硬币. 这样,门就会自动打开,转变到开锁的状态;人通过后,门就会自动锁上. 构造一个有限自动机并画出其状态迁移图.

(3) 假设顾客、店家和支付宝三方之间的交互限于以下几种事件:

(a) 顾客告诉店家购买某种物品,并将购物的钱款转入支付宝.

(b) 顾客决定取消预付款,通知支付宝把购物的这笔钱保留在自己的银行账号上.

(c) 店家送货给顾客.

(d) 顾客收到货后可能进行以下操作:

(i) 确认付款:通知支付宝将钱款划拨到店家账号,并转到(e).

(ii) 退货:把购物的这笔钱保留在自己的银行账号上,结束.

(iii) 换货:顾客将货物寄回店家,店家重新发货给顾客.

(e) 支付宝将顾客购物的这笔钱划拨到店家的账号.

将以上事件以及事件间在一定条件下转化的情况表示成有限自动机. 提示:每个状态表示某一方所处的局面.

(4) 对于题目(1)、题目(2)和题目(3)构造的有限自动机,利用矩阵半张量积的方法给出其状态空间表达式.

(5) 思考有限值逻辑网络与有限自动机的状态空间表达式的异同,并讨论这些不同因素给有限自动机的分析带来了哪些问题.

(6) 在半张量积的框架下,如何利用有限自动机对有限值逻辑网络进行建模、分析与控制.

第5章　有限代数与向量代数

代数学家喜欢与准确的公式打交道，分析学家则喜欢作估计. 或者说得更简洁一点：代数学家喜欢等式，分析学家喜欢不等式.

——T.高尔斯(T.Gowers)：《普林斯顿数学指南》

5.1　基础知识

5.1.1　有限代数

本章主要介绍矩阵半张量积在有限代数与向量代数中的应用. 下面首先介绍什么是有限代数.

一个有限代数包括两个基本要素，即一个有限集合和一些代数运算. 如果用 $\mathcal{A}$ 表示一个有限代数，它的有限集合用 $A=\{a_1,a_2,\cdots,a_n\}$ 表示，代数运算用 t 表示. 设 $t:A^s\to A$，则称 t 为一个 s-阶算子. 0-阶算子表示一个常数 $a\in A$.

定义 5.1.1　考虑一个有限集合 A，其上有一个 2-阶运算 $*:A\times A\to A$；一个 1-阶运算 $^{-1}:A\to A$；一个 0-阶运算 $e\in A$. 如果 $G=(A,*,^{-1},e)$ 满足以下条件：

(i)

$$(a*b)*c=a*(b*c),\quad a,b,c\in A;$$

(ii)

$$a*e=e*a=a,\quad a\in A;$$

(iii)

$$a * a^{-1}=a^{-1} * a=e,\quad a\in A,$$

那么,G 就是一个群.

如果 G 只满足(i),则称其为半群;如果 G 只满足(i)和(ii),则称其为幺半群.

如果 G 是一个群,且

(iv)

$$a * b=b * a,\quad a,b\in A,$$

则称其为阿贝尔群,也称为交换群.

例 5.1.1 (i) 整数集 $\mathbb{Z}$ 对加法($\mathbb{Z}$,+)是一个群.

(ii) 整数集 $\mathbb{Z}$ 对乘法($\mathbb{Z}$,×)是一个幺半群.

(iii) 有理数集 $\mathbb{Q}$(实数集 $\mathbb{R}$、复数集 $\mathbb{C}$)对加法($\mathbb{Q}$,+)(($\mathbb{R}$,+),($\mathbb{C}$,+))是一个群.

(iv) 有理数集 $\mathbb{Q}$(实数集 $\mathbb{R}$、复数集 $\mathbb{C}$)除去 0 后对乘法($\mathbb{Q}\backslash\{0\}$,×)(($\mathbb{R}\backslash\{0\}$,×),($\mathbb{C}\backslash\{0\}$,×))也是一个群.

(v) $\mathcal{M}_{m\times n}$ 对矩阵加法($\mathcal{M}_{m\times n}$,+)是一个群.

(vi) 用 $GL(n,\mathbb{R})$($GL(n,\mathbb{C})$)表示所有的 $n\times n$ 维实(复)可逆矩阵,则它对矩阵乘法构成一个群,称为一般线性群.

(i)~(vi)是一些常用的代数结构,但因为元素个数无限,故都不是有限代数.

例 5.1.2 设 $\mathbb{Z}_n=\{0,1,\cdots,n-1\}$.

(i) $\mathbb{Z}_n$ 的模 n 加法定义为 $a+_nb:=(a+b)(\mathrm{mod}\ n)$,则($\mathbb{Z}_n$,$+_n$)是一个有限群.

(ii) $\mathbb{Z}_n$ 的模 n 乘法定义为 $a\times_nb:=ab(\mathrm{mod}\ n)$. 设 n 为素数,则($\mathbb{Z}_n\backslash\{0\}$,$\times_n$)为一个群.

例 5.1.3 用 $\mathbb{S}_n=\{1,2,\cdots,n\}$ 表示 n 个元素的置换. 考虑 $\mathbb{S}_5$,设

$$\sigma:\begin{matrix}1&2&3&4&5\\\downarrow&\downarrow&\downarrow&\downarrow&\downarrow\\2&1&4&5&3\end{matrix},\qquad \tau:\begin{matrix}1&2&3&4&5\\\downarrow&\downarrow&\downarrow&\downarrow&\downarrow\\3&4&1&5&2\end{matrix},$$

则 $\sigma,\tau\in\mathbb{S}_5$. 定义 σ 与 τ 的乘法为复合置换,即

$$\begin{array}{cccccc} & 1 & 2 & 3 & 4 & 5 \\ & \downarrow & \downarrow & \downarrow & \downarrow & \downarrow \\ \tau\circ\sigma: & 2 & 1 & 4 & 5 & 3. \\ & \downarrow & \downarrow & \downarrow & \downarrow & \downarrow \\ & 4 & 3 & 5 & 2 & 1 \end{array}$$

容易验证，$\mathbb{S}_n$ 是一个 n 阶有限对称群.

在例 5.1.1 到例 5.1.3 中，除 $GL(n,\mathbb{R})$，$GL(n,\mathbb{C})$ 与 $\mathbb{S}_n$ 外，其余的群都是阿贝尔群.

下面我们给出几个常见的有限代数.

(1) 布尔逻辑与 k 值逻辑：布尔逻辑指普通的二值逻辑，即 $\mathcal{D}=\{0,1\}$. 其上的逻辑运算较多，如析取($\vee$)、合取($\wedge$)、非($\neg$)等. 这些在第 2 章已介绍，这里不再赘述.

k 值逻辑的对象集合为

$$\mathcal{D}_k=\left\{0,\frac{1}{k-1},\cdots,\frac{k-2}{k-1},1\right\}.$$

k 值逻辑上的运算有不同的定义，下面给出其中的一种.

$$\vee: a\vee b=\max\{a,b\},\quad a,b\in\mathcal{D}_k,$$

$$\wedge: a\wedge b=\min\{a,b\},\quad a,b\in\mathcal{D}_k,$$

$$\neg: \neg a=1-a,\qquad a\in\mathcal{D}_k.$$

在第 2 章我们讨论了布尔函数，下面通过一个例子讨论三值逻辑函数.

例 5.1.4　考虑三值逻辑函数. 已知逻辑变量 x 的取值为 $x\in\{0,0.5,1\}$，记 $\boldsymbol{\delta}_3^1\sim 1$，$\boldsymbol{\delta}_3^2\sim 0.5$，$\boldsymbol{\delta}_3^3\sim 0$，则

$\neg$ 的结构矩阵为

$$\boldsymbol{M}_{\neg}=\boldsymbol{\delta}_3[3,2,1];$$

$\vee$ 的结构矩阵为

$$\boldsymbol{M}_{\vee}=\delta_3[1,1,1,1,2,2,1,2,3];$$

$\wedge$ 的结构矩阵为

$$\boldsymbol{M}_{\wedge}=\delta_3[1,2,3,2,2,3,3,3,3].$$

(2) 环：设 R 为一非空集合，其上有两种运算，记作$\times$和$+$，若其满足

(a)$(R,+)$为阿贝尔群；

(b)$(R,\times)$为半群；

(c)

$$\begin{cases}(a+b)\times c=a\times c+b\times c,\\ a\times(b+c)=a\times b+a\times c, \quad a,b,c\in R,\end{cases}$$

则称$(R,\times,+)$为一个环. 特别地,若 R 为一个有限集合,则称其为一个有限环.

例 5.1.5 (i) 考虑整数集合,$(\mathbb{Z},+,\times)$是一个环.

(ii) 考虑多项式 $P[x]$,它在多项式加法与多项式乘法下构成一个环.

(3) 有限域:设 F 为一个有限集合,其上有两种运算,记作$\times$和$+$,若其满足

(a)$(F,+)$为阿贝尔群;

(b)$(F\backslash\{0\},\times)$为阿贝尔群;

(c)

$$\begin{cases}(a+b)\times c=a\times c+b\times c,\\ a\times(b+c)=a\times b+a\times c, \quad a,b,c\in F,\end{cases}$$

则称$(F,\times,+)$为一个有限域.

例 5.1.6 设 p 为一个素数,则$(\mathbb{Z}_p,+_p,\times_p)$为一个有限域,这里 $a+_pb=a+b(\mathrm{mod}\ p)$,$a\times_pb=ab(\mathrm{mod}\ p)$.

(4) 偏序集与格:设有限集合 L 上有一个关系$\prec$(不妨理解为$\leqslant$),若其满足

(a)(自反性)$a\prec a$,$a\in L$;

(b)(反对称性)如果 $a\prec b$ 且 $b\prec a$,则 $a=b$,$a,b\in L$;

(c)(传递性)如果 $a\prec b$ 且 $b\prec c$,则 $a\prec c$,$a,b,c\in L$,

则称此关系为有限集合 L 上的一个序.

如果 L 上有一个序$\prec$,则称 L 为一个偏序集. 如果一个偏序集 L 上的任何两个元素 $a,b\in L$,不是 $a\prec b$,就是 $b\prec a$,则称 L 为全序集.

例 5.1.7 考虑正整数集合 $\mathbb{Z}_+$.

(i) 定义序$\prec$如下:$a\prec b$,当且仅当 $a\leqslant b$. 那么,$(\mathbb{Z}_+,\prec)$是一个全序集.

(ii) 定义序$\prec$如下:$a\prec b$,当且仅当 $a\leqslant b$,且 $a|b$(表示 a 为 b 的因子). 那么,$(\mathbb{Z}_+,\prec)$是一个偏序集.

设 L 是一个有限偏序集,如果对任意两个元素 $a,b\in L$,都存在最小上界 $\sup(a,b)$(也记作 $a\vee b$)和最大下界 $\inf(a,b)$(也记作 $a\wedge b$),则称 L 为一个格.

偏序集通常可用一个图来表示,称为哈斯(Hasse)图. 图中节点表示集合元素,节点间用斜线表示大小关系,斜线上端点大于斜线下端点. 从哈斯图中可以判断出任何两个点是否有最小上界与最大下界.

例 5.1.8　考察图 5.1.1 中的两个哈斯图.

(i) 图 5.1.1(a)不是一个格,因为譬如 $a \wedge f$ 不存在.

(ii) 图 5.1.1(b)是一个格,因为任何两点都存在最小上界与最大下界.

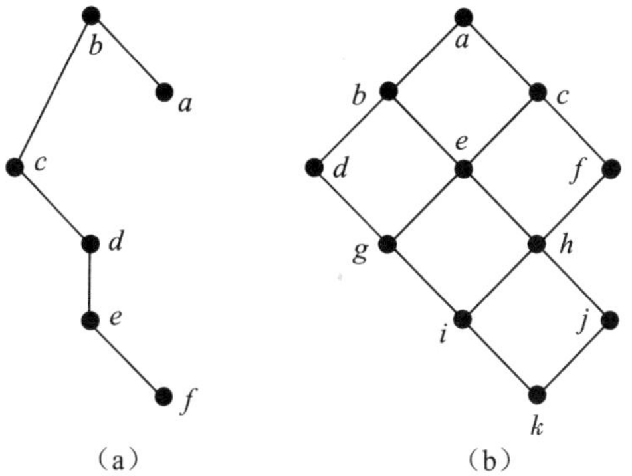

图 5.1.1　哈斯图

(5) 德摩根代数:设 L 为一个格,如果它满足

(a) L 是有界格,即存在最大元 $1 \in L$ 和最小元 $0 \in L$;

(b) L 满足分配律,即

$$\begin{cases} a \vee (b \wedge c) = (a \vee b) \wedge (a \vee c), \\ a \wedge (b \vee c) = (a \wedge b) \vee (a \wedge c), \quad a, b, c \in L; \end{cases} \tag{5.1.1}$$

(c) L 满足德摩根定律,即存在$'$:$L \to L$ 满足

$$\begin{cases} (a \vee b)' = a' \wedge b', \\ (a \wedge b)' = a' \vee b', \quad a, b \in L, \end{cases} \tag{5.1.2}$$

则称 L 为一个德摩根代数.

例 5.1.9　定义有限集合 $\mathcal{D}_k$ 上的三个 k 值逻辑函数 $\vee$, $\wedge$, $'$如下:

$$a \vee b = \max\{a, b\},$$

$$a \wedge b = \min\{a, b\},$$

$$a' = 1 - a,$$

容易验证,$\mathcal{D}_k$ 是一个德摩根代数.

(6) 布尔代数:一个布尔代数 B 是一个集合,其上有两个二元算子 $\vee$ 和 $\wedge$、一个一元算子 $\neg$ 与两个元素 1 和 0,且满足

(a) 交换律:

$$\begin{cases} x \vee y = y \vee x, \\ x \wedge y = y \wedge x. \end{cases} \tag{5.1.3}$$

(b) 结合律：

$$
\begin{cases}(x \vee y) \vee z=x \vee(y \vee z), \\ (x \wedge y) \wedge z=x \wedge(y \wedge z).\end{cases} \tag{5.1.4}
$$

(c) 分配律：

$$
\begin{cases}x \vee(y \wedge z)=(x \vee y) \wedge(x \vee z), \\ x \wedge(y \vee z)=(x \wedge y) \vee(x \wedge z).\end{cases} \tag{5.1.5}
$$

(d) 等律：

$$
\begin{cases}x \vee 0=x, \\ x \wedge 1=x.\end{cases} \tag{5.1.6}
$$

(e) 补律：

$$
\begin{cases}x \vee \neg x=1, \\ x \wedge \neg x=0.\end{cases} \tag{5.1.7}
$$

例 5.1.10 设$\mathbb{X}=\{x=(x_1,x_2,\cdots,x_k)\mid x_i\in\{0,1\},i\in[1,k]\}$，定义

$$
\begin{gathered}
x \vee y=(x_1 \vee y_1, x_2 \vee y_2, \cdots, x_k \vee y_k), \\
x \wedge y=(x_1 \wedge y_1, x_2 \wedge y_2, \cdots, x_k \wedge y_k), \\
\neg x=(\neg x_1, \neg x_2, \cdots, \neg x_k),
\end{gathered}
$$

则$\mathbb{X}$是一个布尔代数.

5.1.2 向量代数及其乘法结构矩阵

本节讨论的“向量代数”是近世代数中的一种代数结构，在近世代数中它就叫“代数”. 为避免混淆，本书把它称为向量代数.

定义 5.1.2 (i) $\mathbb{R}$上的(向量)代数记作$\mathcal{A}=(V,*)$，其中，V是一个实向量空间，$*:V\times V\to V$，且满足

$$
\begin{cases}(a\boldsymbol{x}+b\boldsymbol{y}) * \boldsymbol{z}=a\boldsymbol{x} * \boldsymbol{z}+b\boldsymbol{y} * \boldsymbol{z}, \\ \boldsymbol{x} *(a\boldsymbol{y}+b\boldsymbol{z})=a\boldsymbol{x} * \boldsymbol{y}+b\boldsymbol{x} * \boldsymbol{z}, \quad \boldsymbol{x}, \boldsymbol{y}, \boldsymbol{z} \in V, a, b \in \mathbb{R}.\end{cases} \tag{5.1.8}
$$

(ii) 若代数$\mathcal{A}=(V,*)$满足

$$
\boldsymbol{x} * \boldsymbol{y}=\boldsymbol{y} * \boldsymbol{x}, \quad \boldsymbol{x}, \boldsymbol{y} \in V, \tag{5.1.9}
$$

则称该代数为可交换的或称该代数为交换代数.

(iii) 若代数$\mathcal{A}=(V,*)$满足

$$
(\boldsymbol{x} * \boldsymbol{y}) * \boldsymbol{z}=\boldsymbol{x} *(\boldsymbol{y} * \boldsymbol{z}), \quad \boldsymbol{x}, \boldsymbol{y}, \boldsymbol{z} \in V, \tag{5.1.10}
$$

则称该代数为可结合的或称该代数为结合代数.

定义 5.1.3　考察代数 $\mathcal{A}=(V,*)$，设 V 是一个 k 维向量空间，$e=\{\boldsymbol{\xi}_1,\boldsymbol{\xi}_2,\cdots,\boldsymbol{\xi}_k\}$ 为其基底，且

$$\boldsymbol{\xi}_i * \boldsymbol{\xi}_j=\sum_{s=1}^{k} c_{ij}^{s} \boldsymbol{\xi}_s, \quad i,j=1,2,\cdots,k, \tag{5.1.11}$$

则 $\mathcal{A}$ 的乘积结构矩阵定义为

$$\boldsymbol{P}_{\mathcal{A}}:=\begin{bmatrix} c_{11}^{1} & c_{12}^{1} & \cdots & c_{1k}^{1} & \cdots & c_{kk}^{1} \\ c_{11}^{2} & c_{12}^{2} & \cdots & c_{1k}^{2} & \cdots & c_{kk}^{2} \\ \vdots & \vdots & & \vdots & & \vdots \\ c_{11}^{k} & c_{12}^{k} & \cdots & c_{1k}^{k} & \cdots & c_{kk}^{k} \end{bmatrix}. \tag{5.1.12}$$

将 $\boldsymbol{x}=\sum_{j=1}^{k}\boldsymbol{x}_j\boldsymbol{\xi}_j\in V$ 写成一个列向量的形式，即 $\boldsymbol{x}=[\boldsymbol{x}_1,\boldsymbol{x}_2,\cdots,\boldsymbol{x}_k]^{\mathrm{T}}$，类似地，有 $\boldsymbol{y}=[\boldsymbol{y}_1,\boldsymbol{y}_2,\cdots,\boldsymbol{y}_k]^{\mathrm{T}}$，由 $\mathcal{A}$ 的乘积结构矩阵的定义可直接得出下面的结论(见参考文献[27]).

定理 5.1.1　设代数 $\mathcal{A}$ 的乘法结构矩阵为 $\boldsymbol{P}_{\mathcal{A}}$，则在向量形式下两个元素 $\boldsymbol{x}$，$\boldsymbol{y}\in V$ 的积可计算如下：

$$\boldsymbol{x} * \boldsymbol{y}=\boldsymbol{P}_{\mathcal{A}}\boldsymbol{x}\boldsymbol{y}. \tag{5.1.13}$$

由式(5.1.13)出发，再根据矩阵半张量积的公式，即可推出以下结果，它们是进一步研究超复数的基础.

定理 5.1.2　(i) $\mathcal{A}$ 是可交换的，当且仅当

$$\boldsymbol{P}_{\mathcal{A}}[\boldsymbol{I}_k-\boldsymbol{W}_{[k,k]}]=\boldsymbol{0}. \tag{5.1.14}$$

(ii) $\mathcal{A}$ 是可结合的，当且仅当

$$\boldsymbol{P}_{\mathcal{A}}^2=\boldsymbol{P}_{\mathcal{A}}(\boldsymbol{I}_k\otimes\boldsymbol{P}_{\mathcal{A}}). \tag{5.1.15}$$

由此可见，一个代数的性质完全由它的乘法结构矩阵来决定.

5.1.3　超复数及其矩阵半张量积方法

上节我们介绍了多种代数结构. 用矩阵半张量积的方法研究不同代数结构的性质是矩阵半张量积的一个成功应用. 本节将以超复数为例，介绍这种应用. 超复数的代数结构简单，便于理解. 但本节介绍的方法具有一般性.

众所周知，复数是实数的推广，是在实数上添加一个 i(其中 $\mathrm{i}^2=-1$)而生成的. 因此，复数域可看作实数域上的二维向量空间. 那么，能否在实数上利用这种“添加”的方法构造一个新的数域呢？18 世纪末到 19 世纪初，世界上的许

多数学家都在努力寻找这样的新数域. 直到1861年,德国数学家魏尔斯特拉斯才证明:实数域上的有限添加,能够成为域的只有复数.

虽然数学家们找不到其他域,但在探索过程中依然收获颇丰. 其中,最重要的成果是哈密顿找到的四元数. 四元数是实数域上的四维向量空间,它与域的差别仅在于其上的乘法不满足交换律. 四元数在力学中的许多应用给了我们如下启发:放弃域的某个(某些)要求,或许能找到一些新的、有用的"数"的集合.

为此,我们首先给出超复数的定义.

定义 5.1.4 称形如

$$p=p_0+p_1e_1+\cdots+p_ne_n \tag{5.1.16}$$

的数 p 为一个超复数,其中,$p_i\in\mathbb{R}(i=0,1,\cdots,n)$,$\boldsymbol{e}_i(i=1,2,\cdots,n)$称为超复基元.

注 (i) 最简单的超复数集合(记作 $\mathcal{A}$)是以

$$e=\{\boldsymbol{\xi}_0:=\mathbf{1},\boldsymbol{\xi}_1=\boldsymbol{e}_1,\cdots,\boldsymbol{\xi}_n=\boldsymbol{e}_n\}$$

为基底的实数域上的一个向量空间,其中 $\mathbf{1}$ 是该向量空间中乘法的单位元.

(ii) 超复数的类型是由其基底的乘积来决定的.

(iii) $\mathcal{A}$ 上的乘法由其结构矩阵确定.

由超复数的定义可直接得到如下命题:

命题 5.1.1 设

$$\mathcal{A}=\{p_0+p_1e_1+\cdots+p_ne_n\mid p_0,p_1,\cdots,p_n\in\mathbb{R}\}, \tag{5.1.17}$$

其乘法的结构矩阵为

$$\boldsymbol{P}_{\mathcal{A}}:=[\boldsymbol{M}_0,\boldsymbol{M}_1,\cdots,\boldsymbol{M}_n],$$

其中,$\boldsymbol{M}_i\in\mathbb{R}_{(n+1)\times(n+1)}$,$i\in[0,n]$满足以下条件:

(i)

$$\boldsymbol{M}_0=\boldsymbol{I}_{n+1} \tag{5.1.18}$$

为单位矩阵;

(ii)

$$\mathrm{Col}_1(\boldsymbol{M}_j)=\boldsymbol{\delta}_{n+1}^{j+1},\quad j\in[1,n]. \tag{5.1.19}$$

定义 5.1.5 如果一个 n 维超复数代数 $\mathcal{A}$ 满足交换律与结合律,则称其为完美超复数. n 维完美超复数代数集合记为 $\mathcal{H}_n$.

例 5.1.11　考察复数域 $\mathbb{C}$，其乘积结构矩阵为

$$\boldsymbol{P}_{\mathbb{C}}=\begin{bmatrix}1 & 0 & 0 & -1\\ 0 & 1 & 1 & 0\end{bmatrix}. \tag{5.1.20}$$

容易验证，$\mathbb{C}$ 满足式(5.1.14)及式(5.1.15)，因此，它是完美超复数.

下面考虑完美超复数元素的逆. 考察一个完美超复数代数 $\mathcal{A}=(V,*)$，如果其中每一个非零元素 $x\neq 0\in V$ 都有逆，即存在 x^{-1} 使得 $x*x^{-1}=x^{-1}x=1$，那么，$\mathcal{A}$ 就是一个域. 然而，根据魏尔斯特拉斯的理论，如果 $\mathcal{A}\neq\mathbb{C}$，它就不是一个域. 因此，完美超复数是放弃了域的可逆性而得到的结果. 这与四元数有点类似，四元数是放弃了域的交换性而得到的.

但是，不是完美超复数中的每个元素都不可逆，其中的非零实数都可逆. 于是，在一个完美超复数中，哪些元素可逆，哪些元素不可逆，就成了一个有趣的问题. 为了回答这个问题，需要引入一些新概念.

定义 5.1.6　(i) 设 $\boldsymbol{A}_1,\boldsymbol{A}_2,\cdots,\boldsymbol{A}_r$ 为一组实方阵，如果它们的非零线性组合都是非奇异的，则称 $\boldsymbol{A}_1,\boldsymbol{A}_2,\cdots,\boldsymbol{A}_r$ 为联合非奇异矩阵. 也就是说，如果

$$\det\Big(\sum_{i=1}^{r}c_i\boldsymbol{A}_i\Big)=0,$$

那么，$c_1=c_2=\cdots=c_r=0$.

(ii) 设 $\boldsymbol{A}\in\mathbb{R}_{k\times k^2}$，如果 $\boldsymbol{A}=[\boldsymbol{A}_1,\boldsymbol{A}_2,\cdots,\boldsymbol{A}_k]$，其中，$\boldsymbol{A}_i\in\mathbb{R}_{k\times k}$，$i\in[1,k]$ 是联合非奇异的，则称 $\boldsymbol{A}$ 为联合非奇异矩阵.

设 $\boldsymbol{A}\in\mathbb{R}_{k\times k^2}$，那么，由定义可知，$\boldsymbol{A}$ 是联合非奇异的，当且仅当对任何非零的 $\boldsymbol{x}\in\mathbb{R}^k$，$k$ 次齐次多项式

$$\xi(x_1,x_2,\cdots,x_k)=\det(\boldsymbol{A}\boldsymbol{x})=0. \tag{5.1.21}$$

我们把 $\xi(\boldsymbol{x})$ 称为 $\boldsymbol{A}$ 的特征函数. 并且，我们称特征函数 $\xi(\boldsymbol{x})$ 是联合非奇异的，当且仅当其矩阵 $\boldsymbol{A}$ 是联合非奇异的.

一个超复数代数 $\mathcal{A}$ 的乘积结构矩阵 $\boldsymbol{P}_{\mathcal{A}}$ 的特征函数也称为 $\mathcal{A}$ 的特征函数.

例 5.1.12　考察复数域 $\mathbb{C}=\mathbb{R}(\mathrm{i})$. 利用其乘法结构矩阵(5.1.20)可计算其特征函数为

$$\xi(x_1,x_2)=x_1^2+x_2^2.$$

因此，$\xi(x_1,x_2)=0$，当且仅当 $x_1=x_2=0$. 所以，复数域的特征函数是联合非奇异的.

利用特征函数的概念，可以得到以下结论：

命题 5.1.2 设 $\mathcal{A}$ 为 $\mathbb{R}$ 上的有穷维代数,那么,$\mathcal{A}$ 是一个域,当且仅当

(i) $\mathcal{A}$ 可交换,即式(5.1.14)成立;

(ii) $\mathcal{A}$ 可结合,即式(5.1.15)成立;

(iii) 每一非零元 $x\in\mathcal{A}$ 可逆,即 $\boldsymbol{P}_{\mathcal{A}}$ 联合非奇异.

如果 $\mathcal{A}$ 是完美超复数代数而又不是一个域,则 $\boldsymbol{P}_{\mathcal{A}}$ 必定不是联合非奇异的,即存在不可逆的非零元.

定义 5.1.7 设 $\mathcal{A}\in\mathcal{H}_n$,则其零点集定义为

$$\mathcal{Z}_{\mathcal{A}}:=\{\boldsymbol{z}\in\mathcal{A}\mid\det(\boldsymbol{P}_{\mathcal{A}}\boldsymbol{z})=0\}. \tag{5.1.22}$$

以下命题是显然成立的:

(i) 如果 $\mathcal{A}=\mathbb{C}$,那么 $\mathcal{Z}_{\mathcal{A}}=\{0\}$;

(ii) 如果 $\mathcal{A}\neq\mathbb{C}$,那么 $\mathcal{Z}_{\mathcal{A}}\backslash\{0\}\neq\phi$.

5.2 进阶导读

5.2.1 超复数代数的同构

定义 5.2.1 设 $\mathcal{A}\in\mathcal{H}_{n+1}$ 和 $\overline{\mathcal{A}}\in\mathcal{H}_{n+1}$ 为两个 $n+1$ 维超复数代数. 如果存在一个双向一对一映射 $\Psi:\mathcal{A}\to\overline{\mathcal{A}}$,满足

(i)

$$\Psi(1)=1; \tag{5.2.1}$$

(ii)

$$\Psi(ax+by)=a\Psi(x)+b\Psi(y),\quad x,y\in\mathcal{A},a,b\in\mathbb{R}; \tag{5.2.2}$$

(iii)

$$\Psi(x*y)=\Psi(x)*\Psi(y),\quad x,y\in\mathcal{A}, \tag{5.2.3}$$

则称 $\mathcal{A}$ 和 $\overline{\mathcal{A}}$ 同构,称 Ψ 为一个超复数代数同构.

由超复数代数同构的意义可得以下结论:

命题 5.2.1 设 $\mathcal{A},\overline{\mathcal{A}}\in\mathcal{H}_{n+1}$,其乘积结构矩阵分别为 $\boldsymbol{P}_{\mathcal{A}}$ 和 $\boldsymbol{P}_{\overline{\mathcal{A}}}$. $\mathcal{A}$ 和 $\overline{\mathcal{A}}$ 是同构的,当且仅当存在非奇异矩阵 $\boldsymbol{T}$ 使得

$$P_{\bar{\mathcal{A}}}=T^{-1}P_{\mathcal{A}}(T\otimes T). \tag{5.2.4}$$

证明 必要性:定义 5.2.1 中的同构映射显然是一个线性同构,故该映射完全由一个非奇异矩阵决定. 设有非奇异矩阵 T 满足

$$\bar{x}=T^{-1}x,$$

则由定义 5.2.1 中的(iii)得

$$P_{\mathcal{A}}xy=TP_{\bar{\mathcal{A}}}\bar{x}\bar{y},\quad x,y\in\mathcal{A}, \tag{5.2.5}$$

则式(5.2.5)的右边(RHS)为

$$\begin{aligned}\text{RHS}_{(5.2.5)}&=TP_{\bar{\mathcal{A}}}T^{-1}xT^{-1}y\\&=TP_{\bar{\mathcal{A}}}T^{-1}(I_{n+1}\otimes T^{-1})xy.\end{aligned}$$

因为 x,y 是任意的,则有

$$P_{\mathcal{A}}=TP_{\bar{\mathcal{A}}}T^{-1}(I_{n+1}\otimes T^{-1}),$$

因此,

$$\begin{aligned}P_{\bar{\mathcal{A}}}&=T^{-1}P_{\mathcal{A}}(I_{n+1}\otimes T)T\\&=T^{-1}P_{\mathcal{A}}(T\otimes T).\end{aligned}$$

充分性:如果式(5.2.4)成立,则可直接验证

$$\bar{x}=T^{-1}x$$

是一个超复数代数同构. □

下面几小节将介绍一些低维完美超复数代数,并按照同构将它们分类.

5.2.2 二维超复数

考察一个二维超复数代数 $\mathcal{A}=\mathbb{R}(e_1)$. 根据命题 5.1.1 可知其乘法结构矩阵为

$$P_{\mathcal{A}}=\begin{bmatrix}1&0&0&\alpha\\0&1&1&\beta\end{bmatrix}. \tag{5.2.6}$$

命题 5.2.2 任何二维超复数代数 $\mathcal{A}$ 都是完美的.

证明 利用式(5.2.6)不难验证 $P_{\mathcal{A}}$ 满足式(5.1.14),因此,任何二维超复数代数都可交换. 同样可得

$$\begin{aligned}P_{\mathcal{A}}^2&=P_{\mathcal{A}}(I_2\otimes P_{\mathcal{A}})\\&=\begin{bmatrix}1&0&0&\alpha&0&\alpha&\alpha&\alpha\beta\\0&1&1&\beta&1&\beta&\beta&\alpha+\beta^2\end{bmatrix},\end{aligned}$$

即式(5.1.15)成立. 因此,任何二维超复数代数都是可结合的. □

由式(5.2.4)可知二维超复数代数的同构映射有如下形式：

$$T=\begin{bmatrix}1 & s\\0 & t\end{bmatrix},\quad t\neq 0,$$

因此可得

$$\begin{aligned}P_{\overline{\mathcal{A}}}&=T^{-1}P_{\mathcal{A}}(T\otimes T)\\&=\begin{bmatrix}1 & 0 & 0 & \alpha t^2-s(s+t\beta)\\0 & 1 & 1 & 2s+t\beta\end{bmatrix}.\end{aligned}\tag{5.2.7}$$

选择

$$s=-\frac{1}{2}t\beta$$

使 $2s+t\beta$ 变为 0,即

$$P_{\overline{\mathcal{A}}}=\begin{bmatrix}1 & 0 & 0 & \left(\alpha+\frac{1}{4}\beta^2\right)t^2\\0 & 1 & 1 & 0\end{bmatrix}.\tag{5.2.8}$$

因为 $t\neq 0$,则 $\left(\alpha+\frac{1}{4}\beta^2\right)t^2$ 与 $\left(\alpha+\frac{1}{4}\beta^2\right)$ 同号. 因此,可将 $\mathcal{H}_2$ 按 $\left(\alpha+\frac{1}{4}\beta^2\right)$ 的符号分类.

(i) 如果 $\left(\alpha+\frac{1}{4}\beta^2\right)=0$,则有

$$P_{\overline{\mathcal{A}}}=\begin{bmatrix}1 & 0 & 0 & 0\\0 & 1 & 1 & 0\end{bmatrix};\tag{5.2.9}$$

(ii) 如果 $\left(\alpha+\frac{1}{4}\beta^2\right)>0$,选择 $t=\dfrac{1}{\sqrt{\left(\alpha+\frac{1}{4}\beta^2\right)}}$,则有

$$P_{\overline{\mathcal{A}}}=\begin{bmatrix}1 & 0 & 0 & 1\\0 & 1 & 1 & 0\end{bmatrix};\tag{5.2.10}$$

(iii) 如果 $\left(\alpha+\frac{1}{4}\beta^2\right)<0$,选择 $t=\dfrac{1}{\sqrt{\left|\left(\alpha+\frac{1}{4}\beta^2\right)\right|}}$,则有

$$P_{\overline{\mathcal{A}}}=\begin{bmatrix}1 & 0 & 0 & -1\\0 & 1 & 1 & 0\end{bmatrix}.\tag{5.2.11}$$

因此,在同构意义下,二维超复数代数 $\mathcal{A}\in\mathcal{H}_2$ 可分为三类：

(i) 对偶数($\mathcal{A}_D$),其乘法结构矩阵为式(5.2.9)；

(ii) 双曲数($\mathcal{A}_H$),其乘法结构矩阵为式(5.2.10);

(iii) 复数($\mathbb{C}$),其乘法结构矩阵为式(5.2.11).

下面利用式(5.1.21)计算上面三种二维超复数的特征函数.

(i)

$$\xi_{\mathcal{A}_D}(x_0,x_1)=x_0^2, \tag{5.2.12}$$

那么

$$Z_{\mathcal{A}_D}=\{x_0+x_1e_1\in\mathcal{A}_D \mid x_0=0\}. \tag{5.2.13}$$

(ii)

$$\xi_{\mathcal{A}_H}(x_0,x_1)=x_0^2-x_1^2, \tag{5.2.14}$$

那么

$$Z_{\mathcal{A}_D}=\{x_0+x_1e_1\in\mathcal{A}_H \mid x_0=\pm x_1\}. \tag{5.2.15}$$

(iii)

$$\xi_{\mathbb{C}}(x_0,x_1)=x_0^2+x_1^2, \tag{5.2.16}$$

那么

$$Z_{\mathbb{C}}=\{0\}. \tag{5.2.17}$$

注　(i) 显然,$\mathcal{A}_D$,$\mathcal{A}_H$ 和 $\mathbb{C}$ 都是完美超复数.

(ii) $\mathcal{A}_D$,$\mathcal{A}_H$ 和 $\mathbb{C}$ 的特征函数分别为 x_0^2,$x_0^2-x_1^2$ 和 $x_0^2+x_1^2$. 因为只有 $e_1=\mathrm{i}\in\mathbb{C}$ 的特征函数不可约,所以 $\mathbb{C}$ 是唯一的域.

(iii) 不难看出,这些特征多项式的零集都是零测集. 实际上,所有完美超复数的特征多项式的零集都是零测集.

5.2.3　三维超复数

考察一个三维超复数代数 $\mathcal{A}$,根据定理 5.1.2,$\mathcal{A}$ 是可交换的,当且仅当其乘法结构矩阵为

$$\boldsymbol{P}_{\mathcal{A}}=\begin{bmatrix}1&0&0&0&a&d&0&d&p\\0&1&0&1&b&e&0&e&q\\0&0&1&0&c&f&1&f&r\end{bmatrix}. \tag{5.2.18}$$

然后,考虑何时 $\mathcal{A}$ 是可结合的. 根据定理 5.1.2,$\mathcal{A}$ 是可结合的当且仅当其乘法结构矩阵满足

$$\boldsymbol{P}_{\mathcal{A}}^2=\boldsymbol{P}_{\mathcal{A}}(\boldsymbol{I}_3\otimes\boldsymbol{P}_{\mathcal{A}}). \tag{5.2.19}$$

记 $\boldsymbol{I}=\boldsymbol{I}_3$，则

$$\boldsymbol{A}=\begin{bmatrix}0 & a & d\\ 1 & b & e\\ 0 & c & f\end{bmatrix},\quad \boldsymbol{B}=\begin{bmatrix}0 & d & p\\ 0 & e & q\\ 1 & f & r\end{bmatrix},$$

直接计算可得

$$\begin{cases}\mathrm{LHS}_{(5.2.19)}=(\boldsymbol{I},\boldsymbol{A},\boldsymbol{B},\boldsymbol{A},a\boldsymbol{I}+b\boldsymbol{A}+c\boldsymbol{B},d\boldsymbol{I}+e\boldsymbol{A}+f\boldsymbol{B},\\ \qquad\qquad \boldsymbol{B},d\boldsymbol{I}+e\boldsymbol{A}+f\boldsymbol{B},p\boldsymbol{I}+q\boldsymbol{A}+r\boldsymbol{B}),\\ \mathrm{RHS}_{(5.2.19)}=(\boldsymbol{I},\boldsymbol{A},\boldsymbol{B},\boldsymbol{A},\boldsymbol{A}^2,\boldsymbol{AB},\boldsymbol{B},\boldsymbol{BA},\boldsymbol{B}^2).\end{cases}\tag{5.2.20}$$

综上可得如下结论：

定理 5.2.1 设 $\mathcal{A}$ 为一个三元超复数代数，那么，$\mathcal{A}\in\mathcal{H}_3$ 当且仅当 $\boldsymbol{P}_{\mathcal{A}}$ 具有式(5.2.18)所示形式，且其中参数满足

$$\begin{cases}a=ce+f^2-bf-cr,\\ d=cq-ef,\\ p=e^2+fq-bq-er.\end{cases}\tag{5.2.21}$$

证明 必要性：式(5.2.20)表明，要使式(5.2.19)成立，一个必要条件是[对比式(5.2.19)两边的第 6 项与第 8 项]

$$\boldsymbol{AB}=\boldsymbol{BA},\tag{5.2.22}$$

于是不难看出式(5.2.21)给出了式(5.2.22)成立的充要条件.

充分性：仔细计算可知，如果式(5.2.21)成立，则式(5.2.20)中给出的式(5.2.19)的左边与右边是相等的. □

注 定理 5.2.1 提供了一个构造 $\mathcal{A}\in\mathcal{H}_3$ 的方便途径. 实际上，参数 b,c,e,f,q,r 可以任给，而 a,d,p 可根据式(5.2.21)推出. 显然，有不可数多个的三维完美超复数代数.

下面给出一个三维完美超复数代数的具体例子.

例 5.2.1 构造一个 $\mathcal{A}\in\mathcal{H}_3$ 如下：令 $b=c=f=q=r=0$，$e=1$，则可推出 $d=a=0$，$p=1$. 于是，$\mathcal{A}$ 的乘法结构矩阵为

$$\boldsymbol{P}_{\mathcal{A}}=\begin{bmatrix}1&0&0&0&0&0&0&0&1\\0&1&0&1&0&1&0&1&0\\0&0&1&0&0&0&1&0&0\end{bmatrix}.\tag{5.2.23}$$

实际上，将 $x\in\mathcal{A}$ 表示为标准形式，即

$$x=x_0+x_1e_1+x_2e_2,\quad x_0,x_1,x_2\in\mathbb{R},$$

则可得

$$e_1^2=0,\quad e_2^2=1,$$
$$e_1*e_2=e_2*e_1=e_1.$$

于是，不难算得

$$\xi_{\mathcal{A}}=(x_0-x_2)(x_0+x_2)^2. \tag{5.2.24}$$

因此，

$$\mathcal{Z}_{\mathcal{A}}=\{(x_0,x_1,x_2)\in\mathbb{R}^3\mid x_0=\pm x_2\}. \tag{5.2.25}$$

5.2.4 四维超复数

本节将讨论完美四维超复数. 从原则上来说，完美四维超复数与完美三维超复数类似，但给出完美四维超复数 $\mathcal{A}\in\mathcal{H}_4$ 的一般结构比较困难，因此本节只讨论一些简单的例子.

例 5.2.2 设

$$\mathcal{A}=\{p_0+p_1e_1+p_2e_2+p_3e_3\mid p_0,p_1,p_2,p_3\in\mathbb{R}\}$$

为一个完美四维超复数，则其基元满足

$$\begin{cases}e_1^2,e_2^2,e_3^2\in\{-1,0,1\}, & e_1*e_2=e_2*e_1=\pm e_3,\\ e_2*e_3=e_3*e_2=\pm e_1, & e_3*e_1=e_1*e_3=\pm e_2.\end{cases} \tag{5.2.26}$$

在这个约束条件下，我们寻找可能的一组四维完美超复数代数 $\mathcal{A}_i$，将它们的乘法结构矩阵记为 $\boldsymbol{P}_{\mathcal{A}_i}$. 显然，$\mathcal{A}_i$ 是由 $\boldsymbol{P}_{\mathcal{A}_i}$ 完全决定的. 为节约空间，可将 $\boldsymbol{P}_{\mathcal{A}_i}$ 表示成

$$\boldsymbol{P}_{\mathcal{A}_i}=[\boldsymbol{I}_4,\boldsymbol{Q}_i].$$

下面只用 $\boldsymbol{Q}_i$ 来代表 $\boldsymbol{P}_{\mathcal{A}_i}$.

利用 MATLAB，用穷举法检验交换律与结合律，可以得到满足条件(5.2.26)的四维完美超复数代数如下：

$$\boldsymbol{Q}_1=\begin{bmatrix}0&-1&0&0&0&0&-1&0&0&0&0&1\\1&0&0&0&0&0&0&1&0&0&1&0\\0&0&0&1&1&0&0&0&0&1&0&0\\0&0&-1&0&0&-1&0&0&1&0&0&0\end{bmatrix},$$

$$
\boldsymbol{Q}_2=\begin{bmatrix} 0 & -1 & 0 & 0 & 0 & 0 & -1 & 0 & 0 & 0 & 0 & 1 \\ 1 & 0 & 0 & 0 & 0 & 0 & 0 & -1 & 0 & 0 & -1 & 0 \\ 0 & 0 & 0 & -1 & 1 & 0 & 0 & 0 & 0 & -1 & 0 & 0 \\ 0 & 0 & 1 & 0 & 0 & 1 & 0 & 0 & 1 & 0 & 0 & 0 \end{bmatrix},
$$

$$
\boldsymbol{Q}_3=\begin{bmatrix} 0 & -1 & 0 & 0 & 0 & 0 & 1 & 0 & 0 & 0 & 0 & -1 \\ 1 & 0 & 0 & 0 & 0 & 0 & 0 & -1 & 0 & 0 & -1 & 0 \\ 0 & 0 & 0 & 1 & 1 & 0 & 0 & 0 & 0 & 1 & 0 & 0 \\ 0 & 0 & -1 & 0 & 0 & -1 & 0 & 0 & 1 & 0 & 0 & 0 \end{bmatrix},
$$

$$
\boldsymbol{Q}_4=\begin{bmatrix} 0 & -1 & 0 & 0 & 0 & 0 & 1 & 0 & 0 & 0 & 0 & -1 \\ 1 & 0 & 0 & 0 & 0 & 0 & 0 & 1 & 0 & 0 & 1 & 0 \\ 0 & 0 & 0 & -1 & 1 & 0 & 0 & 0 & 0 & -1 & 0 & 0 \\ 0 & 0 & 1 & 0 & 0 & 1 & 0 & 0 & 1 & 0 & 0 & 0 \end{bmatrix},
$$

$$
\boldsymbol{Q}_5=\begin{bmatrix} 0 & 1 & 0 & 0 & 0 & 0 & -1 & 0 & 0 & 0 & 0 & -1 \\ 1 & 0 & 0 & 0 & 0 & 0 & 0 & 1 & 0 & 0 & 1 & 0 \\ 0 & 0 & 0 & -1 & 1 & 0 & 0 & 0 & 0 & -1 & 0 & 0 \\ 0 & 0 & -1 & 0 & 0 & -1 & 0 & 0 & 1 & 0 & 0 & 0 \end{bmatrix},
$$

$$
\boldsymbol{Q}_6=\begin{bmatrix} 0 & 1 & 0 & 0 & 0 & 0 & -1 & 0 & 0 & 0 & 0 & -1 \\ 1 & 0 & 0 & 0 & 0 & 0 & 0 & -1 & 0 & 0 & -1 & 0 \\ 0 & 0 & 0 & 1 & 1 & 0 & 0 & 0 & 0 & 1 & 0 & 0 \\ 0 & 0 & 1 & 0 & 0 & 1 & 0 & 0 & 1 & 0 & 0 & 0 \end{bmatrix},
$$

$$
\boldsymbol{Q}_7=\begin{bmatrix} 0 & 1 & 0 & 0 & 0 & 0 & 1 & 0 & 0 & 0 & 0 & 1 \\ 1 & 0 & 0 & 0 & 0 & 0 & 0 & -1 & 0 & 0 & -1 & 0 \\ 0 & 0 & 0 & -1 & 1 & 0 & 0 & 0 & 0 & -1 & 0 & 0 \\ 0 & 0 & -1 & 0 & 0 & -1 & 0 & 0 & 1 & 0 & 0 & 0 \end{bmatrix},
$$

$$
\boldsymbol{Q}_8=\begin{bmatrix} 0 & 1 & 0 & 0 & 0 & 0 & 1 & 0 & 0 & 0 & 0 & 1 \\ 1 & 0 & 0 & 0 & 0 & 0 & 0 & 1 & 0 & 0 & 1 & 0 \\ 0 & 0 & 0 & 1 & 1 & 0 & 0 & 0 & 0 & 1 & 0 & 0 \\ 0 & 0 & 1 & 0 & 0 & 1 & 0 & 0 & 1 & 0 & 0 & 0 \end{bmatrix}.
$$

下面以两个完美四维超复数代数 $\mathcal{A}\in\mathcal{H}_4$ 为例做进一步分析.

例 5.2.3　考虑例 5.2.2 中的 $\mathcal{A}_3$ 与 $\mathcal{A}_8$.

(i) 考虑 $\mathcal{A}_3$,不难算得

$$\begin{aligned}\xi_{\mathcal{A}_3} &= \det(\boldsymbol{P}_{\mathcal{A}_3}\boldsymbol{x})\\ &=(x_0^2-x_2^2)^2+(x_1^2-x_3^2)^2+2(x_0x_1+x_2x_3)^2+2(x_0x_3+x_1x_2)^2,\end{aligned} \tag{5.2.27}$$

因此,其零集为

$$\begin{aligned}\mathcal{Z}_{\mathcal{A}_3}=\{[x_0,x_1,x_2,x_3]^{\mathrm{T}}\in\mathbb{R}^4\mid (x_0=x_2)\\ \cap(x_1=-x_3)\text{或}(x_0=-x_2)\cap(x_1=x_3)\}.\end{aligned} \tag{5.2.28}$$

(ii)考虑 $\mathcal{A}_8$,不难算得

$$\begin{aligned}\xi_{\mathcal{A}_8} &= \det(\boldsymbol{P}_{\mathcal{A}_8}\boldsymbol{x})\\ &=x_0^4+x_1^4+x_2^4+x_3^4-2(x_0^2x_1^2+x_0^2x_2^2+x_0^2x_3^3\\ &\quad+x_1^2x_2^2+x_1^2x_3^2+x_2^2x_3^2)+8x_0x_1x_2x_3,\end{aligned} \tag{5.2.29}$$

因此,其零集为

$$\mathcal{Z}_{\mathcal{A}_8}=\{[x_0,x_1,x_2,x_3]^{\mathrm{T}}\in\mathbb{R}^4\mid \xi_{\mathcal{A}_8}(x_0,x_1,x_2,x_3)=0\}. \tag{5.2.30}$$

5.2.5　泛代数

数学大致可以分为三大部分:分析、代数与几何[28]. 因此,代数是一个很宽泛的领域. 泛代数是对代数结构的一个一般性的刻画[29]. 矩阵半张量积在代数方面的应用,主要体现为在下面几类泛代数中的应用.

(i) 偏序集:

格→德摩根格→布尔代数.

(ii) 抽象代数:

半群→群→环→域.

利用矩阵半张量积研究偏序集与抽象代数,要求研究对象为有限集合,即有限群、有限环和有限域.

(iii) 向量空间:

(向量空间)代数→有数代数↔无数代数→超复数.

矩阵半张量积在向量空间中的应用主要是利用有限基底构造乘法结构矩阵,在其他代数中的应用可见参考文献[28].

5.3 习题与思考题

5.3.1 习 题

(1) 考察正整数集合 $\mathbb{Z}_+$. 设 $a \prec b$,当且仅当 $a \leqslant b$ 且 $a|b$,证明($\mathbb{Z}_+$,$\prec$)是一个格,其中 $a \vee b = \mathrm{lcm}(a,b)$,$a \wedge b = \gcd(a,b)$.

(2) 考察 $\mathcal{M}_{n\times n}$. 以下集合 S 中,哪些是群,哪些不是群?

(i) $(S,+)$,其中

$$S=\{\mathbf{A}\in \mathcal{M}_{n\times n} \mid \det(\mathbf{A})>0\}.$$

(ii) $(S,\times)$,其中

$$S=\{\mathbf{A}\in \mathcal{M}_{n\times n} \mid \det(\mathbf{A})>0\}.$$

(iii) $(S,+)$,其中

$$S=\{\mathbf{A}\in \mathcal{M}_{n\times n} \mid \mathrm{tr}(\mathbf{A})=0\}.$$

(iv) $(S,\times)$,其中

$$S=\{\mathbf{A}\in \mathcal{M}_{n\times n} \mid \mathbf{A}^{-1}=\mathbf{A}^{\mathrm{T}}\}.$$

(3) 设 $p(x)$为 x 的实系数多项式,记

$$\mathbb{Q}(x)=\left\{\frac{p(x)}{q(x)} \,\middle|\, q(x)\neq 0\right\},$$

证明:$\mathbb{Q}(x)$是一个域.

(4) 考虑例 5.1.3 中的 n 阶置换集合$\mathbb{S}_n$,置换的乘法$\circ$定义为例 5.1.3 中的复合置换.

(i) 证明:n 阶置换集合$\mathbb{S}_n$ 在复合置换下成为一个群.

(ii) 置换可用循环排列表示,例如,

$$\sigma=(1,2,3)(4,5),$$

$$\mu=(2,5,3),$$

$$\mu\circ\sigma=(1,5,4,3),$$

试用循环排列写出 $\sigma\circ\mu$,$\sigma\circ\sigma$,$\mu\circ\sigma\circ\mu$.

(iii) $\mathbb{S}_n$ 是阿贝尔群吗?

(iv) 证明:$|\mathbb{S}_n|=n!$.

(v) 考察$\mathbb{S}_3$，写出$\mathbb{S}_3$的所有元素为$\mathbb{S}_3=\{\sigma_i \mid i=1,2,3,4,5,6\}$，用向量表示$\mathbb{S}_3$中的元素，即$\sigma_i \sim \boldsymbol{\delta}_6^i$，$i\in[1,6]$. 写出$\mathbb{S}_3$的乘法结构矩阵.

(vi) 利用乘法结构矩阵证明：(a)$\mathbb{S}_3$不满足交换律；(b)$\mathbb{S}_3$满足结合律.

(5) 考察图 5.3.1 所定义的格，令 $a\sim\boldsymbol{\delta}_8^1$，$b\sim\boldsymbol{\delta}_8^2$，…，$h\sim\boldsymbol{\delta}_8^8$.

(i) 写出算子 inf(即 $\wedge$)的结构矩阵.

(ii) 写出算子 sup(即 $\vee$)的结构矩阵.

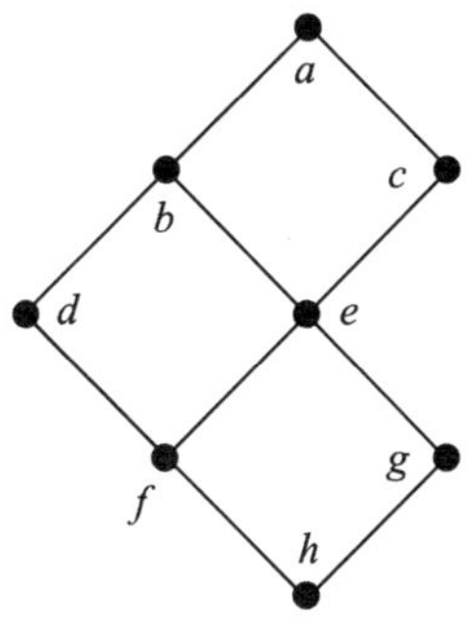

图 5.3.1　哈斯图

(6) 利用上题中所定义的格(L)，考察定义在这个格上的动态系统，即

$$\begin{cases} x(t+1)=y(t)\wedge z(t), \\ y(t+1)=[x(t)\vee y(t)]\wedge z(t), \\ z(t+1)=x(t)\vee y(t), \end{cases} \tag{5.3.1}$$

写出该系统的动态演化方程.

5.3.2　思考题

(1) 在四元代数 $\mathcal{A}=\{a+be_1+ce_2+de_3 \mid a,b,c,d\in\mathbb{R}\}$中，取所有四元数的实数分量 $a=0$，证明：此时 $\mathcal{A}$ 中元素的乘积就是$\mathbb{R}^3$上向量的叉积.

(2) 如果一个完美超复数的不可逆元的集合只是一个零测集，那么，当它被当作数系使用时，会有多大危险？

第6章　泛维数系统

上帝赋予了人类跟他一起分享几何结构的能力.

——开普勒

过去很多顶尖的数学家都认为四维是不可想象的,如今,爱因斯坦的四维世界似乎已经被很多人接受.最近的研究表明,取决于进一步的假设和不同的观察点,弦理论中的时空连续体的维数是10,11或者26.

——克里利(Crilly):《你不可不知的50个数学知识》

6.1　基础知识

本节首先简要回顾点集拓扑和微分拓扑的基本知识,为引入泛维数商空间做概念上的准备.

6.1.1　商集、拓扑空间与商拓扑空间

定义 6.1.1　对于集合 X 上的一个二元关系$\sim$,如果对于任意 $x,y,z\in X$,都有

(i)(自反性)$x\sim x$;

(ii)(对称性)$x\sim y\Rightarrow y\sim x$;

(iii)(传递性)$x\sim y,y\sim z\Rightarrow x\sim z$,

则称这个关系为 X 上的等价关系.

定义 6.1.2　考虑一个集合 X 及其上的等价关系$\sim$,$\forall a\in X$,称 X 的子集 $[a]:=\{x\in X\mid x\sim a\}$为以 a 为代表元的等价类,称 X 中所有等价类的集合为

X 关于等价关系$\sim$的商集,记为 $X/\sim$. 定义一个从 X 到 $X/\sim$ 的映射 π,称该映射为典则映射或商映射.

例 6.1.1 设 p 为整数,$\forall x,y\in\mathbb{Z}$,定义 $x\sim y\Leftrightarrow x=y(\bmod p)$,易见这是 $\mathbb{Z}$ 上的等价关系,该等价类即整数模 p 的剩余类,$\mathbb{Z}_p=\{0,1,\cdots,p-1\}$.

例 6.1.2 设 $p\in\mathbb{R}^n$,定义 $\mathcal{U}_p:=\{U\in\mathbb{R}^n \mid U$ 为包含 p 的开集$\}$. $\forall U\in\mathcal{U}_p$,记定义在 U 上的全体光滑函数为 $C^\infty(U)$,令 $\mathcal{F}:=\bigcup_{U\in\mathcal{U}_p}C^\infty(U)$,定义 $\mathcal{F}$ 上的等价关系$\sim$如下:$\forall f,g\in\mathcal{F}$,设 $f\in C^\infty(U)$,$g\in C^\infty(V)$,

$$f\sim g\Leftrightarrow \exists W\in\mathcal{U}_p,\text{s.t.},W\subset U\cap V,f|_W=g|_W,$$

称商空间 $C_p^\infty:=\mathcal{F}/\sim$为 p 处的光滑函数芽集合.

在代数和拓扑中常用到一类特殊的商集,即由一个集合将它的子集粘为一点得到的商集.

定义 6.1.3 考虑集合 X 和它的一个子集 S,定义等价关系$\sim$如下:$\forall x,y\in X$,$x\sim y\Leftrightarrow\{x,y\}\subset S$. 将 X 关于这一等价关系的商集记作 X/S,称该商集为 X 将 S 粘为一点得到的商集.

例 6.1.3 考虑一个带输出的有限自动机 $\mathcal{A}=(X,Y,\sum,f,h,x_0,X_m)$. 定义 X 上的等价关系为 $x_1\sim x_2\Leftrightarrow h(x_1)=h(x_2)$,由此我们可得到观测等价的商集,它是将 $h^{-1}(y)$,$y\in Y$ 粘为一点得到的.

为了定义商空间,首先需要介绍拓扑空间的概念. 为此,我们从开集出发定义一个空间的拓扑.

定义 6.1.4 设 $\mathcal{T}$是 X 的一个子集族,若它满足如下条件:

(i) $\phi\in\mathcal{T}$,$X\in\mathcal{T}$;

(ii) 设 $O_1,O_2\in\mathcal{T}$,则 $O_1\cap O_2\in\mathcal{T}$;

(iii) 设 $O_\lambda\in\mathcal{T}$,$\lambda\in\Lambda$,则 $\bigcup\limits_{\lambda\in\Lambda}O_\lambda\in\mathcal{T}$,

则称 $\mathcal{T}$为集合 X 上的一个拓扑.

拓扑有大小或粗细之分. 设 $\mathcal{T}_1$,$\mathcal{T}_2$ 为集合 X 的两个拓扑,若 $\mathcal{T}_1\subset\mathcal{T}_2$,则称 $\mathcal{T}_1$ 比 $\mathcal{T}_2$ 更小(或更粗糙). 易见,集合 X 上最小的拓扑即是所谓的平凡拓扑 $\{\phi,X\}$,最大的拓扑则是 X 的幂集 2^X.

拓扑学的基本问题是连续映射下的不变量问题,以及利用拓扑不变量对拓扑对象进行分类的问题. 为此,下面首先给出映射的概念.

定义 6.1.5 考虑两个拓扑空间之间的映射 $f:(X_1,\mathcal{T}_1)\to(X_2,\mathcal{T}_2)$. 若对任一 $O\in\mathcal{T}_2$，有 $f^{-1}(O)\in\mathcal{T}_1$，则称映射 f 为连续映射. 若映射 f 为双射且其逆也是连续的，则称之为两个拓扑空间 $(X_1,\mathcal{T}_1)$ 与 $(X_2,\mathcal{T}_2)$ 之间的一个同胚.

考虑拓扑空间 $(X,\mathcal{T})$，设 $x\in X$，则 $\mathcal{T}$ 中含有 x 的开集称为 x 的邻域. 上述关于映射连续的定义等价于数学分析中常用的表述形式：设 f 为 X_1,X_2 的两个距离空间之间的映射，如果对任一 $x_0\in X_1$，任给 $\varepsilon>0$，存在 $\delta>0$，使得当 $d(x,x_0)<\delta$ 时 $d(f(x),f(x_0))<\varepsilon$，则称映射 $f:X_1\to X_2$ 为连续映射.

定义 6.1.6 考虑拓扑空间 $(X,\mathcal{T})$，设 $X/\sim$ 是它的一个商集，$\pi:X\to X/\sim$ 为其商投影. 在商集上定义拓扑 $\widetilde{\mathcal{T}}$ 如下：$\widetilde{O}\in\widetilde{\mathcal{T}}$，当且仅当 $\pi^{-1}(\widetilde{O})\in\mathcal{T}$，则 $\widetilde{\mathcal{T}}$ 是 $X/\sim$ 上的一个拓扑①，称为商拓扑. $(X/\sim,\widetilde{\mathcal{T}})$ 称为商拓扑空间.

命题 6.1.1 定义 6.1.6 给出的商拓扑 $\widetilde{\mathcal{T}}$ 是使商投影连续的最大拓扑.

下面给出几个商拓扑空间的例子.

例 6.1.4(二维环面) 考虑平面空间 $\mathbb{R}^2$，定义其等价关系 $\sim$ 为 $x\sim y\Leftrightarrow x-y\in\mathbb{Z}\times\mathbb{Z}$，则称商集合 $\mathbb{T}^2:=\mathbb{R}^2/\sim$ 为二维环面.

例 6.1.5［莫比乌斯(Möbius)带］ 设集合 $B=[0,1]\times(0,1)\subset\mathbb{R}^2$，取其上的欧几里得拓扑，并定义其等价关系 $\sim$ 为 $(0,a)\sim(1,-a)$，$\forall a\in(0,1)$，由此得到的商空间 $B/\sim$ 称为莫比乌斯带.

例 6.1.6 令 $D^n:=\{(x_1,x_2,\cdots,x_n)\in\mathbb{R}^n \mid x_1^2+x_2^2+\cdots+x_n^2\leqslant 1\}$ 为 n 维闭圆盘，$S^{n-1}:=\{(x_1,x_2,\cdots,x_n)\in\mathbb{R}^n \mid x_1^2+x_2^2+\cdots+x_n^2=1\}$ 是 $n-1$ 维球面亦即 D^n 的边界，则 $D^n/S^{n-1}\simeq S^n$.

定义 6.1.7 设 $(X,\mathcal{T})$ 为一拓扑空间，$\mathcal{B}\subset\mathcal{T}$. 如果对任一 $O\in\mathcal{T}$，都存在 $\mathcal{B}$ 的一个子集 $\mathcal{B}_0\subset\mathcal{B}$，使得 $O=\bigcup_{V\in\mathcal{B}_0}V$，则称 $\mathcal{B}$ 为该拓扑空间的一个拓扑基.

定义 6.1.8 设 $(X,\mathcal{T})$ 为一拓扑空间，若 $\forall x,y\in X$，存在 x 的邻域 U_x 以及 y 的邻域 U_y，使得 $U_x\cap U_y=\phi$，则称 X 为一个豪斯多夫(Hausdorff)空间.

例 6.1.7 欧几里得空间中的开球集合就是欧几里得空间标准拓扑的拓扑基.

---

① 拓扑 $\widetilde{\mathcal{T}}$ 的定义留给读者证明［见习题(4)］.

6.1.2　流形上的动力系统

流形是一类特殊的拓扑空间,它在局部上具有类似于欧几里得空间的性质.

定义 6.1.9　设$(M,\mathcal{T})$是具有可数拓扑基的豪斯多夫空间,若$\exists\{U_\alpha\}_{\alpha\in I}\subset\mathcal{T}$满足$M=\bigcup_{\alpha\in I}U_\alpha$,且

(i) $\forall\alpha\in I$,存在$\mathbb{R}^n$中的开集V_α和同胚$\varphi_\alpha:U_\alpha\to V_\alpha$;

(ii)(相容性)$\forall\alpha,\beta\in I$,当$U_\alpha\cap U_\beta\neq\varnothing$时,则有$\varphi_\beta\circ\varphi_\alpha^{-1}:\varphi_\alpha(U_\alpha\cap U_\beta)\to\varphi_\beta(U_\alpha\cap U_\beta)$及其逆皆为光滑映射(即$\varphi_\beta\circ\varphi_\alpha^{-1}$为微分同胚),

那么称M为一个n维光滑流形,$\{(U_\alpha,\varphi_\alpha)\}_{\alpha\in I}$为它的一个坐标覆盖.

通常n维流形M上的坐标图可以表示为$(U,\{y^i\}_{i=1}^n)$,其中$y^i:U\to\mathbb{R}$. 设f为M上的一个函数$f:M\to\mathbb{R}$,对任意坐标图(U,φ),若$f\circ\varphi^{-1}$都光滑,则称函数f为光滑的;设g为流形M,N之间的映射$g:M\to N$,对M的任意坐标图(U,φ)和N的任意坐标图(V,ψ),当$g^{-1}(V)\cap U\neq\varnothing$时,若都有$\psi\circ g\circ\varphi^{-1}$光滑,则称映射$g$为光滑的.

定义 6.1.10　记流形M上一点p处的光滑函数芽为C_p^∞,设$v:C_p^\infty\to\mathbb{R}$为其上的一个实函数,若$\forall[f],[g]\in C_p^\infty$,满足

(i)(线性性)$\forall\alpha,\beta\in\mathbb{R}$,$v(\alpha[f]+\beta[g])=\alpha v([f])+\beta v([g])$;

(ii)[莱布尼茨(Leibniz 法则)]$v([f][g])=f(p)v([g])+g(p)v([f])$,

则称v为点p处的切向量. 点p处全体切向量组成的线性空间称为M在点p处的切空间,记为T_pM.

给定n维流形M上的一个坐标图$(U,\{y^i\}_{i=1}^n)$,则切空间T_pM可被视为由$\left\{\dfrac{\partial}{\partial y^i}\right\}_{i=1}^n$张成的实线性空间. 这里切向量$\dfrac{\partial}{\partial y^i}:C_p^\infty\to\mathbb{R}$,$f\mapsto\left.\dfrac{\partial f}{\partial y^i}\right|_p$的作用方式是求函数在点$p$处对第$i$个坐标分量的偏导数. 因此,一个切向量$v$在此坐标图下可表示为$v=\sum\limits_{i=1}^n v_i\dfrac{\partial}{\partial y^i}$,$v(f)=\sum\limits_{i=1}^n v_i\left.\dfrac{\partial f}{\partial y^i}\right|_p$,其中$v^i\in\mathbb{R}$,$i=1,2,\cdots,n$.

定义 6.1.11　设$f:M\to N$为流形间的光滑映射. 设$p\in M$,$q=f(p)\in N$,则可定义$f^*:C_q^\infty\to C_p^\infty$,$[g]\mapsto[g\circ f]$. 进一步地,若$v\in T_pM$,则$v\circ f^*\in T_qM$,于是$f$可诱导映射$f_*:T_pM\to T_qM$,$v\mapsto v\circ f^*$,称映射$f^*$为$f$在点$p$处的切映射.

切映射可以被理解为光滑映射的无穷小描述. 考虑上述定义中流形M上

的一条光滑曲线 $\gamma:[0,1]\to M$，显然，它在 f 下的像是 N 上的光滑曲线 $f\circ\gamma:[0,1]\to N$. 设 $a\in[0,1]$，$\gamma(a)=p$，$\dot{\gamma}=v\in T_pM$，则 $f_*(v)=\frac{\mathrm{d}}{\mathrm{d}t}f(\gamma(t))\Big|_{t=a}$.

定义 6.1.12 设 M 为流形，若在 M 中每一点的切空间指定一个切向量，则可得到 M 上的一个向量场，记为 X；$X|_p\in T_pM$ 表示 X 在点 p 处的取值. 若 $\forall f\in C^\infty(M)$，有 $X(f)\in C^\infty(M)$，则称 X 为 M 上的光滑向量场. M 上光滑向量场的集合记为 $\mathcal{X}(M)$.

命题 6.1.2 设 M 为 n 维流形，则 $X\in\mathcal{X}(M)$ 当且仅当对任意坐标图 $(U,\{y^i\}_{i=1}^n)$，$X|_U=\sum_{i=1}^n f^i\frac{\partial}{\partial y^i}$，其中 f^i 为 U 上的光滑函数，$i=1,2,\cdots,n$.

定义 6.1.13 设 M 为流形，$U\subset M$ 为开集，$X\in\mathcal{X}(U)$，$\gamma:(a,b)\to U$ 光滑. 若 $\dot{\gamma}(t):=\gamma_*\left(\frac{\mathrm{d}}{\mathrm{d}t}\right)=X|_{\gamma(t)}$，则称 γ 为 X 的积分曲线.

定义 6.1.14 设 $f,g_1,g_2,\cdots,g_m\in\mathcal{X}(M)$，则由方程

$$\dot{\gamma}_u(t)=f\Big|_{\gamma_u(t)}+\sum_{i=1}^m u^ig_i\Big|_{\gamma_u(t)}$$

定义的系统称为流形 M 上的仿射非线性控制系统，其中 $u^i:[0,T]\to\mathbb{R}$ 为有界函数，称为控制.

6.2 进阶导读

本节介绍泛维数流形及其上的动力系统，更多详细内容可见参考文献[4][6]和[30].

6.2.1 等价向量与泛维度量空间

记 n 维实线性空间为 $\mathcal{V}_n\simeq\mathbb{R}^n$，令 $\mathcal{V}:=\mathbb{R}^\infty=\bigcup_{n=1}^\infty\mathbb{R}^n$. 我们希望在 $\mathcal{V}$ 上定义一种等价关系，使得在此关系之下形成的商空间可以将不同维数的欧几里得空间黏合起来. 基本的思路是用跨维数加减法定义等价类，或者先定义跨维数的内积，用这种内积得到度量，再用度量诱导等价类，进而定义商集.

定义 6.2.1 (i) 设 $\boldsymbol{x}\in\mathcal{V}_m\subset\mathcal{V}$，$r\in\mathbb{R}$，则

$$r\times\boldsymbol{x}:=r\boldsymbol{x}\in\mathcal{V}_m.\tag{6.2.1}$$

(ii) 设 $\boldsymbol{x}\in\mathcal{V}_m$，$\boldsymbol{y}\in\mathcal{V}_n$，且 $t=\operatorname{lcm}(m,n)$，则 $\boldsymbol{x}$ 与 $\boldsymbol{y}$ 的和定义如下：

$$\boldsymbol{x}\mp\boldsymbol{y}:=(\boldsymbol{x}\otimes\mathbf{1}_{t/m})+(\boldsymbol{y}\otimes\mathbf{1}_{t/n})\in\mathcal{V}_t; \tag{6.2.2}$$

相应地，$\boldsymbol{x}$ 与 $\boldsymbol{y}$ 的差定义为

$$\boldsymbol{x}\overline{-}\boldsymbol{y}:=x\mp(-\boldsymbol{y}). \tag{6.2.3}$$

定义 6.2.2 (i) 设 $\boldsymbol{x},\boldsymbol{y}\in\mathcal{V}$，如果存在两个 1 向量 $\mathbf{1}_\alpha$ 和 $\mathbf{1}_\beta$ 使得

$$\boldsymbol{x}\otimes\mathbf{1}_\alpha=\boldsymbol{y}\otimes\mathbf{1}_\beta, \tag{6.2.4}$$

则称向量 $\boldsymbol{x}$ 和 $\boldsymbol{y}$ 是等价的，记作 $\boldsymbol{x}\leftrightarrow\boldsymbol{y}$.

(ii) $\boldsymbol{x}$ 的等价类记作

$$\bar{\boldsymbol{x}}=\{\boldsymbol{y}\mid\boldsymbol{y}\leftrightarrow\boldsymbol{x}\}.$$

易见，在上述等价关系下的商空间，对定义 6.2.1 中的加法和数乘构成一个无穷维线性空间.

定义 6.2.3 设 $\boldsymbol{x}\in\mathcal{V}_m\subset\mathcal{V}$，$\boldsymbol{y}\in\mathcal{V}_n\subset\mathcal{V}$，且 $t=\operatorname{lcm}(m,n)$，那么，$\boldsymbol{x}$ 与 $\boldsymbol{y}$ 的内积定义为

$$\langle\boldsymbol{x},\boldsymbol{y}\rangle_{\mathcal{V}}:=\frac{1}{t}\langle\boldsymbol{x}\otimes\mathbf{1}_{t/m},\boldsymbol{y}\otimes\mathbf{1}_{t/n}\rangle, \tag{6.2.5}$$

其中，$\langle\boldsymbol{x},\boldsymbol{y}\rangle$ 为 $\mathbb{R}^t$ 上的普通内积. 这个内积称为加权内积，因为有权重系数 $1/t$.

$\mathcal{V}$ 上的范数定义如下：

$$\|\boldsymbol{x}\|_{\mathcal{V}}:=\sqrt{\langle\boldsymbol{x},\boldsymbol{x}\rangle_{\mathcal{V}}}. \tag{6.2.6}$$

设 $\boldsymbol{x},\boldsymbol{y}\in\mathcal{V}$，则 $\boldsymbol{x}$ 与 $\boldsymbol{y}$ 的距离定义为

$$d(\boldsymbol{x},\boldsymbol{y}):=\|\boldsymbol{x}\overline{-}\boldsymbol{y}\|_{\mathcal{V}}. \tag{6.2.7}$$

不难看出，定义 6.2.2 中的等价关系，实际上表示向量 $\boldsymbol{x},\boldsymbol{y}$ 在式(6.2.7)下的距离为 0.

定义 6.2.4 设 $\boldsymbol{\xi}\in\mathcal{V}_n$，定义

$$\pi_m^n(\boldsymbol{\xi}):=\underset{x\in\mathcal{V}_m}{\operatorname{argmin}}\|\boldsymbol{\xi}\overline{-}\boldsymbol{x}\|_{\mathcal{V}} \tag{6.2.8}$$

为 $\boldsymbol{\xi}$ 在 $\mathcal{V}_m$ 上的投影，记作 $\pi_m^n(\boldsymbol{\xi})$.

设 $t=\operatorname{lcm}(n,m)$ 并记 $\alpha:=t/n$，$\beta:=t/m$，那么

$$\Delta:=\|\boldsymbol{\xi}\overline{-}\boldsymbol{x}\|_{\mathcal{V}}^2=\frac{1}{t}\|\boldsymbol{\xi}\otimes\mathbf{1}_\alpha-\boldsymbol{x}\otimes\mathbf{1}_\beta\|^2.$$

记

$$\boldsymbol{\xi}\otimes\mathbf{1}_\alpha:=(\eta_1,\eta_2,\cdots,\eta_t)^{\mathrm{T}},$$

其中

$$\eta_j=\xi_i,\quad (i-1)\alpha+1\leqslant j\leqslant i\alpha;\quad i=1,2,\cdots,n,$$

那么

$$\Delta=\frac{1}{t}\sum_{i=1}^{m}\sum_{j=1}^{\beta}(\eta_{(i-1)\beta+j}-x_i)^2. \tag{6.2.9}$$

令$\frac{\partial\Delta}{\partial x_i}=0,i=1,2,\cdots,m$,则可得

$$x_i=\frac{1}{m}\left(\sum_{j=1}^{\beta}\eta_{(i-1)\beta+j}\right),\quad i=1,2,\cdots,m, \tag{6.2.10}$$

即 $\pi_m^n(\boldsymbol{\xi})=\boldsymbol{x}$. 并且,不难检验

$$\langle\boldsymbol{\xi}\bar{-}\boldsymbol{x},\boldsymbol{x}\rangle_{\mathcal{V}}=\boldsymbol{0}.$$

由此可得如下命题:

命题 6.2.1 设$\boldsymbol{\xi}\in\mathcal{V}_n$,则$\boldsymbol{\xi}$在 $\mathcal{V}_m$ 上的投影(记为 $\boldsymbol{x}$)可由式(6.2.10)算得,且$\boldsymbol{\xi}\bar{-}\boldsymbol{x}$ 与 $\boldsymbol{x}$ 正交.

例 6.2.1 设$\boldsymbol{\xi}=[1,0,-1,0,1,2,-2]^{\mathrm{T}}\in\mathbb{R}^7$,考虑它到$\mathbb{R}^3$的投影,记$\pi_3^7(\boldsymbol{\xi}):=\boldsymbol{x}$,则有$\boldsymbol{\eta}=\boldsymbol{\xi}\otimes\mathbf{1}_3$. 记 $\boldsymbol{x}=[x_1,x_2,x_3]^{\mathrm{T}}$,则有

$$x_1=\frac{1}{7}\sum_{j=1}^{7}\eta_j=0.2857,$$

$$x_2=\frac{1}{7}\sum_{j=8}^{14}\eta_j=0,$$

$$x_3=\frac{1}{7}\sum_{j=15}^{21}\eta_j=0.1429,$$

且

$$\begin{aligned}\boldsymbol{\xi}\bar{-}\boldsymbol{x}=[&0.7143,0.7143,0.7143,-0.2857,-0.2857,-0.2857,-1.2857,\\&-1.0000,-1.0000,0,0,0,1.0000,1.0000,\\&0.8571,1.8571,1.8571,1.8571,-2.1429,-2.1429,-2.1429].\end{aligned}$$

最后,不难检验

$$\langle\boldsymbol{\xi}\bar{-}\boldsymbol{x},\boldsymbol{x}\rangle_{\mathcal{V}}=\boldsymbol{0}.$$

由于不同维数空间的投影 π_m^n 是一个线性映射,因此可用一个矩阵(记作$\boldsymbol{\Pi}_m^n$)来表示. 也就是说,$\boldsymbol{\xi}\in\mathbb{R}^n$ 投影到$\mathbb{R}^m$ 可表示为

$$\pi_m^n(\boldsymbol{\xi})=\boldsymbol{\Pi}_m^n\boldsymbol{\xi},\quad \boldsymbol{\xi}\in\mathcal{V}_n. \tag{6.2.11}$$

令 $\mathrm{lcm}(n,m)=t$，$\alpha:=t/n$，$\beta:=t/m$，则有

$$\boldsymbol{\eta}=\boldsymbol{\xi}\otimes\mathbf{1}_{\alpha}=(\boldsymbol{I}_n\otimes\mathbf{1}_{\alpha})\boldsymbol{\xi},$$

$$\boldsymbol{x}=\frac{1}{\beta}(\boldsymbol{I}_m\otimes\mathbf{1}_{\beta}^{\mathrm{T}})\boldsymbol{\eta}=\frac{1}{\beta}(\boldsymbol{I}_m\otimes\mathbf{1}_{\beta}^{\mathrm{T}})(\boldsymbol{I}_n\otimes\mathbf{1}_{\alpha})\boldsymbol{\xi}.$$

因此有

$$\boldsymbol{\Pi}_m^n=\frac{1}{\beta}(\boldsymbol{I}_m\otimes\mathbf{1}_{\beta}^{\mathrm{T}})(\boldsymbol{I}_n\otimes\mathbf{1}_{\alpha}).\tag{6.2.12}$$

利用矩阵 $\boldsymbol{\Pi}_m^n$ 的这个结构，可以得到以下结论：

引理 6.2.1 (i) 设 $n\geqslant m$，则 $\boldsymbol{\Pi}_m^n$ 是行满秩的，因此，$\boldsymbol{\Pi}_m^n(\boldsymbol{\Pi}_m^n)^{\mathrm{T}}$ 可逆.

(ii) 设 $n\leqslant m$，则 $\boldsymbol{\Pi}_m^n$ 是列满秩的，因此，$(\boldsymbol{\Pi}_m^n)^{\mathrm{T}}\boldsymbol{\Pi}_m^n$ 可逆.

命题 6.2.2 设 $\boldsymbol{X}\in\mathbb{R}^m$，将它投影到 $\mathbb{R}^{km}$ 再投回来，它是不变的，即

$$\boldsymbol{\Pi}_m^{km}\boldsymbol{\Pi}_{km}^m=\boldsymbol{I}_m.\tag{6.2.13}$$

定义 6.2.5 考虑空间 $\mathcal{V}:=\mathbb{R}^\infty=\bigcup_{n=1}^\infty\mathbb{R}^n$，其上的拓扑为自然拓扑 $\mathcal{N}$，即使得含入映射 $i:\mathbb{R}^n\to\bigcup_{n=1}^\infty\mathbb{R}^n$ 连续的最大拓扑. $\Omega=\mathcal{V}/\leftrightarrow$ 为其商空间，其上的拓扑 $\mathcal{T}$ 为粘连拓扑(也就是距离拓扑). $P:\mathbb{R}^\infty\to\Omega$ 为典则映射，则由 $(\mathcal{V},\mathcal{N})\xrightarrow{P}(\Omega,\mathcal{T})$ 定义的拓扑空间称为泛维欧几里得空间.

6.2.2 泛维流形上的微分几何

本节我们将商空间的概念推广到一般的流形中，并定义其上的向量场.

定义 6.2.6 设 E,B 为拓扑空间，$\pi:E\to B$ 为连续满射，若对任意开集 $U\subset B$，都有 $\pi^{-1}(U)=\bigsqcup_\alpha V_\alpha$，其中 V_α 为 E 中开集，且 $\forall\alpha$，$V_\alpha\simeq U$，则称 (E,π,B) 为一个覆盖空间，或称 E 为 B 的覆盖空间.

易见，上节定义的泛维欧几里得空间 $(\mathcal{V},P,\Omega)$ 是一个覆盖空间. 设 $O\subset\Omega$ 为 Ω 上的一个开集，$\mathcal{V}_O:=P^{-1}(O)$，则 $\mathcal{V}_O\xrightarrow{P}O$ 也是一个覆盖空间，称为泛维欧几里得空间的一个开子覆盖空间.

接下来我们将泛维流形定义为局部同胚于 $(\mathcal{V},P,\Omega)$ 的覆盖空间.

定义 6.2.7 设 (E_1,π_1,B_1)，(E_2,π_2,B_2) 为两个覆盖空间，若存在同胚 $\psi:E_1\to E_2$，$\varphi:B_1\to B_2$，使得 $\pi_2\circ\psi=\varphi\circ\pi_1$，则称这两个覆盖空间同胚.

定义 6.2.8 设 B 是具有可数拓扑基的豪斯多夫空间. 如果

(i) 存在 B 的一组开集 $\{U_\alpha\}_{\alpha\in I}$，使得 $\bigcup_{\alpha\in I}U_\alpha=B$，且 $\forall\alpha\in I$，存在 Ω 中的开集 V_α 和同胚 $\varphi_\alpha:U_\alpha\to V_\alpha$，$\psi_\alpha:\pi^{-1}(U_\alpha)\to P^{-1}(V_\alpha)$，使得 $\pi^{-1}(U_\alpha)\xrightarrow{\pi}U_\alpha$ 与

$P^{-1}(V_\alpha)\xrightarrow{P}V_\alpha$ 为覆盖空间同胚；

(ii) $\forall\alpha,\beta\in I$，当 $U_\alpha\cap U_\beta\neq\emptyset$ 时，则有 $\varphi_\beta\circ\varphi_\alpha^{-1}:\varphi_\alpha(U_\alpha\cap U_\beta)\to\varphi_\beta(U_\alpha\cap U_\beta)$ 及 $\psi_\beta\circ\psi_\alpha^{-1}:\psi_\alpha\circ\pi^{-1}(U_\alpha\cap U_\beta)\to\psi_\beta\circ\pi^{-1}(U_\alpha\cap U_\beta)$ 均为微分同胚，

则称覆盖空间 $E\xrightarrow{\pi}B$ 为一个泛维欧几里得光滑流形.

可见，上述定义平行地移植了定义 6.1.9 中微分流形的局部欧几里得性质与相容性条件.

下面我们依次定义 Ω 上的连续函数和向量场等概念，并将它们以类似的方法推广到泛维欧几里得流形.

定义 6.2.9 设 $f:\Omega\to\mathbb{R}$ 为 Ω 上的一个实函数.

(i) 令 $f(x):=f(\bar{x}),x\in\mathcal{V}$，则 $f:\mathcal{V}\to\mathbb{R}$ 可自然地看作 $\mathcal{V}$ 上的实函数.

(ii) 如果对每一点 $\bar{x}\in\Omega$ 都存在 $\bar{x}$ 的一个邻域 $O_{\bar{x}}$ 使得在坐标邻域丛的每个叶 $\mathcal{V}_{O_{\bar{x}}}^r\subset\mathbb{R}^{rp}$ 上，有 $f\in C(\mathcal{V}_{O_{\bar{x}}}^r)$，则称 f 为 Ω 上的连续函数.

(iii) 如果在坐标邻域丛的每个叶上，$f\in C^\infty(\mathcal{V}_{O_{\bar{x}}}^r)$，则称 f 为 Ω 上的光滑函数.

注 上面我们用邻域定义了坐标与函数的连续性，实际上也可以用全局定义坐标与函数的连续性，即令每个叶为 $\mathbb{R}^{rp}$. 另外，局部坐标的定义方法可直接推广到泛维流形.

直接在 Ω 上构造连续甚至可微函数几乎是不可想象的，我们的构造方法是将 $\mathcal{V}$ 上的连续函数“转移”到 Ω 上. 由于 $\mathcal{V}^n=\mathbb{R}^n$ 是 $\mathcal{V}$ 上的闭开集，于是 $f:\mathcal{V}\to\mathbb{R}$ 连续，当且仅当 $f_n:=f|_{\mathbb{R}^n},n=1,2,\cdots$ 连续. 因此，我们只考虑 $f\in C^\infty(\mathbb{R}^n)$ 的转移.

定义 6.2.10 设 $f\in C^\infty(\mathbb{R}^n)$，定义 $\bar{f}:\Omega\to\mathbb{R}$ 如下：设 $\bar{\boldsymbol{x}}\in\Omega$ 且 $\dim(\bar{\boldsymbol{x}})=m$，则

$$\bar{f}(\bar{\boldsymbol{x}}):=f(\boldsymbol{\Pi}_n^m(\bar{\boldsymbol{x}})),\quad \bar{\boldsymbol{x}}\in\Omega. \tag{6.2.14}$$

命题 6.2.3 设 $f\in C^\infty(\mathbb{R}^n)$，则由式(6.2.14)定义的 $\bar{f}\in C^\infty(\Omega)$.

定义 6.2.11 设 $\boldsymbol{X}$ 为 Ω 上的向量场，如果它满足以下条件：

(i) $\forall\bar{\boldsymbol{x}}\in\Omega,\exists p_{\bar{x}}\in\mathbb{N}$，对 $\bar{\boldsymbol{x}}$ 的坐标邻域丛 $\mathcal{V}_{\bar{O}}^{[p,\cdot]}=\{O^{p\bar{x}},O^{2p\bar{x}},\cdots\}$，$\bar{\boldsymbol{X}}$ 在每个叶上指定一个切向量 $\boldsymbol{X}^j\in T_{x_j}O^{jp\bar{x}},j=1,2,\cdots$；

(ii) $\boldsymbol{X}^j$ 满足相容性条件，即 $\boldsymbol{X}^j=\boldsymbol{X}^1\otimes\mathbf{1}_j,j=1,2,\cdots$；

(iii) 在每个叶 $O^{jp}\subset\mathbb{R}^{jp\bar{x}}$ 上，$\bar{\boldsymbol{X}}|_{O^{jp}}\in\mathcal{X}(O^{jp})$，

则称 $\boldsymbol{X}$ 为 Ω 上的光滑向量场.

下面给出一个 Ω 上的光滑向量场的构造方法. 类似于连续函数,我们先将向量场定义到 $\mathcal{V}^m \simeq \mathbb{R}^m$ 上,然后再将它延拓到 $T(\Omega)=\mathbb{R}^\infty$ 上.

算法 6.2.1　设 $\boldsymbol{X}\in\mathcal{X}(\mathbb{R}^m)$.

· 第 1 步:设存在一个最小的 m,使得 $\bar{\boldsymbol{X}}$ 在 $\mathbb{R}^m$ 上全局有定义,即

$$\bar{\boldsymbol{X}}|_{\mathbb{R}^m}:=\boldsymbol{X}\in V^r(\mathbb{R}^m). \tag{6.2.15}$$

从构造的角度看,即给定一个 $\boldsymbol{X}\in V^r(\mathbb{R}^m)$,则 $\bar{\boldsymbol{X}}$ 在 $\mathbb{R}^m$ 上的值可由式(6.2.15)定义.

· 第 2 步:设 $\dim(\bar{\boldsymbol{y}})=s$,将 $\boldsymbol{X}$ 推广到 $\mathrm{T}_{\bar{y}}\Omega$ 上去. 记 $t=\mathrm{lcm}(m,s)$, $t/s=\alpha$, $t/m=\beta$,那么,$\dim(T_{\bar{y}})=t$. 设 $\boldsymbol{y}\in\bar{\boldsymbol{y}}\cap R^{[t,\cdot]}$,且 $\dim(\boldsymbol{y})=kt$, $k=1,2,\cdots$,定义

$$\bar{\boldsymbol{X}}(\boldsymbol{y}):=\boldsymbol{\Pi}^m_{kt}X(\boldsymbol{\Pi}^{kt}_m y),\quad k=1,2,\cdots. \tag{6.2.16}$$

定理 6.2.1　由算法 6.2.1 生成的 $\bar{\boldsymbol{X}}$ 是光滑向量场;反之,如果 $\bar{\boldsymbol{X}}\in V^r(\Omega)$ 是维数有界的,则 $\bar{\boldsymbol{X}}$ 可通过算法 6.2.1 生成.

例 6.2.2　设 $\boldsymbol{X}=[x_1+x_2,x_2^2]^{\mathrm{T}}\in\mathcal{X}(\mathbb{R}^2)$, $\bar{\boldsymbol{X}}\in\mathcal{X}(\Omega)$ 由 $\boldsymbol{X}$ 生成.

(i) 设 $\bar{\boldsymbol{y}}\in\Omega$, $\dim(\bar{\boldsymbol{y}})=3$,记 $\boldsymbol{y}_1=[\xi_1,\xi_2,\xi_3]^{\mathrm{T}}\in\mathbb{R}^3$. 因为 $\mathrm{lcm}(2,3)=6$,故 $\bar{\boldsymbol{X}}$ 在

$$\bar{\boldsymbol{y}}\cap\mathbb{R}^{6k}=\{y_2,y_4,y_6,\cdots\}$$

上有定义. 考虑 $\boldsymbol{y}_2$,则有

$$\begin{aligned}
\bar{\boldsymbol{X}}(\boldsymbol{y}_2)&=\boldsymbol{\Pi}^2_6\boldsymbol{X}(\boldsymbol{\Pi}^6_2(\boldsymbol{y}_2))=\boldsymbol{\Pi}^2_6X(\boldsymbol{\Pi}^6_2\boldsymbol{y}_2)\\
&=(\boldsymbol{I}_2\otimes\boldsymbol{1}_3)X\left(\frac{1}{3}(\boldsymbol{I}_2\otimes\boldsymbol{1}_3^{\mathrm{T}})(\boldsymbol{y}_1\otimes\boldsymbol{1}_2)\right)\\
&=\begin{bmatrix}
\frac{2}{3}(\xi_1+\xi_2+\xi_3)\\
\frac{2}{3}(\xi_1+\xi_2+\xi_3)\\
\frac{2}{3}(\xi_1+\xi_2+\xi_3)\\
\frac{1}{9}(\xi_2+2\xi_3)^2\\
\frac{1}{9}(\xi_2+2\xi_3)^2\\
\frac{1}{9}(\xi_2+2\xi_3)^2
\end{bmatrix}.
\end{aligned}$$

若考虑 $\boldsymbol{y}_4$,同样通过计算可得

$$\bar{\boldsymbol{X}}(\boldsymbol{y}_4)=\boldsymbol{\Pi}_{12}^2\boldsymbol{X}(\boldsymbol{\Pi}_2^{12}(\boldsymbol{y}_4))=\bar{\boldsymbol{X}}(\boldsymbol{y}_2)\otimes\mathbf{1}_2.$$

实际上,我们有

$$\bar{\boldsymbol{X}}(\boldsymbol{y}_{2k})=\bar{\boldsymbol{X}}(\boldsymbol{y}_2)\otimes\mathbf{1}_k,\quad k=1,2,\cdots.$$

(ii) 考虑 $\bar{\boldsymbol{X}}|_{\mathbb{R}^6}$. 设 $\boldsymbol{x}=[x_1,x_2,x_3,x_4,x_5,x_6]^{\mathrm{T}}\in\mathbb{R}^6$,则

$$\begin{aligned}\boldsymbol{X}^6:&=\bar{\boldsymbol{X}}_x\\&=\boldsymbol{\Pi}_6^2\boldsymbol{X}(\boldsymbol{\Pi}_2^6\boldsymbol{x})\\&=\begin{bmatrix}\frac{1}{3}(x_1+x_2+x_3+x_4+x_5+x_6)\\\frac{1}{3}(x_1+x_2+x_3+x_4+x_5+x_6)\\\frac{1}{3}(x_1+x_2+x_3+x_4+x_5+x_6)\\\frac{1}{9}(x_4+x_5+x_6)^2\\\frac{1}{9}(x_4+x_5+x_6)^2\\\frac{1}{9}(x_4+x_5+x_6)^2\end{bmatrix}.\end{aligned}\tag{6.2.17}$$

$\boldsymbol{X}^6\in\mathcal{X}(\mathbb{R}^6)$是一个经典意义的向量场.

以上讨论仅限制在欧几里得空间中,或者说,以上对泛维流形的定义都是以泛维欧几里得空间 Ω 作为模型空间的. 事实上,模型空间可以推广到乘积流形的情形.

定义 6.2.12 设 M 为黎曼(Riemann)流形,$\varphi:M\to M$ 是其上的一个等距映射,记 $M^n:=\underbrace{M\times\cdots\times M}_{n}$,则由$(M,\varphi)$生成的泛维流形可定义为

$$\widetilde{M}:=M^\infty/\sim,\tag{6.2.18}$$

其中 $M^\infty:=\bigsqcup_{n=1}^{\infty}M^n$,$M^\infty$ 上的等价关系可定义为

$\forall s>0,\ \forall k>0,\ \forall(x_1,x_2,\cdots,x_s)\in M^s$,

$(x_1,x_2,\cdots,x_s)\sim(x_1,x_2,\cdots,x_s,\varphi(x_1),\varphi(x_2),\cdots,\varphi(x_s),\cdots,\varphi^k(x_1),\varphi^k(x_2),\cdots,\varphi^k(x_s))$.

向量场 $\boldsymbol{f}\in\mathcal{X}(M^s)$可被以如下方式延拓到 $\widetilde{M}$ 上:设 $y\sim(x_1,x_2,\cdots,x_s)$,不

失一般性，令 $y=(x_1,x_2,\cdots,x_s,\varphi(x_1),\varphi(x_2),\cdots,\varphi(x_s),\cdots,\varphi^k(x_1),\varphi^k(x_2),\cdots,\varphi^k(x_s))$，则定义向量场 $\widetilde{\boldsymbol{f}}$ 在 $\boldsymbol{y}$ 处的取值为

$$\widetilde{\boldsymbol{f}}|_{\boldsymbol{y}}:=(f_1|_{x_1},f_2|_{x_2},\cdots,f_s|_{x_s},\varphi_*(f_1|_{x_1}),\varphi_*(f_2|_{x_2}),\cdots,\varphi_*(f_s|_{x_s}),\cdots,\varphi_*^k(f_1|_{x_1}),\varphi_*^k(f_2|_{x_2}),\cdots,\varphi_*^k(f_s|_{x_s})).$$

易见，如果将 M 取为 $\mathbb{R}$，φ 取为恒同映射，则上述定义退化为泛维欧几里得空间的情形.

6.2.3　泛维数控制系统

根据已得到的连通的泛维度量空间以及其上的向量场等价类，我们可以构造控制系统的等价类，用以对跨越不同维数的动态过程进行建模.

首先构造线性系统的跨维数投影系统. 为此考虑一个线性系统

$$\boldsymbol{\xi}(t+1)=\boldsymbol{A}\boldsymbol{\xi}(t),\quad \boldsymbol{\xi}(t)\in\mathbb{R}^n. \tag{6.2.19}$$

我们的目的是构造一个矩阵 $\boldsymbol{A}_\pi\in\mathcal{M}_{m\times m}$，利用该矩阵构造 $\mathbb{R}^m$ 上的一个线性系统

$$\boldsymbol{x}(t+1)=\boldsymbol{A}_\pi\boldsymbol{x}(t),\quad \boldsymbol{x}(t)\in\mathbb{R}^m. \tag{6.2.20}$$

我们将系统(6.2.20)看作是系统(6.2.19)的投影系统.

理想的投影系统应当满足投影关系，即投影系统的轨线就是原系统轨线的投影，即

$$\boldsymbol{x}(t,\boldsymbol{\pi}_m^n(\boldsymbol{\xi}_0))=\boldsymbol{\pi}_m^n(\boldsymbol{\xi}(t,\boldsymbol{\xi}_0)). \tag{6.2.21}$$

但是，一般情况下这是很难做到的，实际可行的是，寻找最小二乘意义下的逼近系统.

将式(6.2.21)代入式(6.2.20)可得

$$\boldsymbol{\Pi}_m^n\,\boldsymbol{\xi}(t+1)=\boldsymbol{A}_\pi\boldsymbol{\Pi}_m^n\,\boldsymbol{\xi}(t). \tag{6.2.22}$$

利用式(6.2.19)并考虑到 $\boldsymbol{\xi}(t)$ 是任意的，则可推出

$$\boldsymbol{\Pi}_m^n\boldsymbol{A}=\boldsymbol{A}_\pi\boldsymbol{\Pi}_m^n. \tag{6.2.23}$$

利用引理 6.2.1，就可以得到系统(6.2.19)最小二乘意义下的近似系统.

命题 6.2.4　*考察一个连续时间动态系统*

$$\dot{\boldsymbol{\xi}}(t)=\boldsymbol{A}\boldsymbol{\xi}(t),\quad \boldsymbol{\xi}(t)\in\mathbb{R}^n, \tag{6.2.24}$$

它在 $\mathbb{R}^m$ 空间的最小二乘近似系统为

$$\dot{\boldsymbol{x}}(t)=\boldsymbol{A}_\pi\boldsymbol{x}(t),\quad \boldsymbol{x}(t)\in\mathbb{R}^m, \tag{6.2.25}$$

其中

$$\boldsymbol{A}_\pi=\begin{cases}\boldsymbol{\Pi}_m^n\boldsymbol{A}(\boldsymbol{\Pi}_m^n)^{\mathrm{T}}(\boldsymbol{\Pi}_m^n(\boldsymbol{\Pi}_m^n)^{\mathrm{T}})^{-1}, & n\geqslant m,\\ \boldsymbol{\Pi}_m^n\boldsymbol{A}((\boldsymbol{\Pi}_m^n)^{\mathrm{T}}\boldsymbol{\Pi}_m^n)^{-1}(\boldsymbol{\Pi}_m^n)^{\mathrm{T}}, & n<m.\end{cases} \tag{6.2.26}$$

直观地说,不妨假定 n 很大,于是系统(6.2.19)变成一个高维系统. 我们可以把它投射到一个低维空间 $\mathcal{V}_m(m\ll n)$上,这样就可以得到原状态轨线的最佳低维逼近. 另外,在考虑跨维数动态系统时,从低维系统投影到高维系统也是必要的.

类似地,我们可以得到线性控制系统的投影系统.

推论 6.2.1 (i) 考察一个离散时间线性控制系统

$$\begin{cases}\boldsymbol{\xi}(t+1)=\boldsymbol{A}\,\boldsymbol{\xi}(t)+\boldsymbol{B}\boldsymbol{u}, & \boldsymbol{\xi}(t)\in\mathbb{R}^n,\\ \boldsymbol{y}(t)=\boldsymbol{C}\,\boldsymbol{\xi}(t), & \boldsymbol{y}(t)\in\mathbb{R}^p,\end{cases} \tag{6.2.27}$$

其最小二乘近似线性系统为

$$\begin{cases}\boldsymbol{x}(t+1)=\boldsymbol{A}_\pi\boldsymbol{x}(t)+\boldsymbol{\Pi}_m^n\boldsymbol{B}\boldsymbol{u}, & \boldsymbol{x}(t)\in\mathbb{R}^m,\\ \boldsymbol{y}(t)=\boldsymbol{C}_\pi\boldsymbol{x}(t),\end{cases} \tag{6.2.28}$$

其中,$\boldsymbol{A}_\pi$ 由式(6.2.26)定义,且

$$\boldsymbol{C}_\pi=\begin{cases}\boldsymbol{C}(\boldsymbol{\Pi}_m^n)^{\mathrm{T}}(\boldsymbol{\Pi}_m^n(\boldsymbol{\Pi}_m^n)^{\mathrm{T}})^{-1}, & n\geqslant p,\\ \boldsymbol{C}((\boldsymbol{\Pi}_m^n)^{\mathrm{T}}\boldsymbol{\Pi}_m^n)^{-1}(\boldsymbol{\Pi}_m^n)^{\mathrm{T}}, & n<p.\end{cases} \tag{6.2.29}$$

(ii) 考察一个连续时间线性控制系统

$$\begin{cases}\dot{\boldsymbol{\xi}}(t)=\boldsymbol{A}\boldsymbol{\xi}(t)+\boldsymbol{B}\boldsymbol{u}, & \boldsymbol{\xi}(t)\in\mathbb{R}^n,\\ \boldsymbol{y}(t)=\boldsymbol{C}\boldsymbol{\xi}(t), & \boldsymbol{y}(t)\in\mathbb{R}^p,\end{cases} \tag{6.2.30}$$

其最小二乘近似线性系统为

$$\begin{cases}\dot{\boldsymbol{x}}(t)=\boldsymbol{A}_\pi\boldsymbol{x}(t)+\boldsymbol{\Pi}_m^n\boldsymbol{B}\boldsymbol{u}, & \boldsymbol{x}(t)\in\mathbb{R}^m,\\ \boldsymbol{y}(t)=\boldsymbol{C}_\pi\boldsymbol{x}(t), & \boldsymbol{y}(t)\in\mathbb{R}^p,\end{cases} \tag{6.2.31}$$

其中,$\boldsymbol{A}_\pi$ 由式(6.2.26)定义,且 $\boldsymbol{C}_\pi$ 由式(6.2.29)定义.

变维数动态(控制)系统的最小二乘意义下的投影系统是一个非常有用的固定维数系统. 下面我们给出一个构造投影系统的例子.

例 6.2.3 考察一个变维数系统

$$\begin{cases}\boldsymbol{\xi}(t+1)=\boldsymbol{A}(t)\boldsymbol{\xi}(t)+\boldsymbol{B}(t)\boldsymbol{u},\\ \boldsymbol{y}(t)=\boldsymbol{C}(t)\boldsymbol{\xi}(t),\end{cases} \tag{6.2.32}$$

其中,当 t 是偶数时,$\boldsymbol{\xi}(t)\in\mathbb{R}^4$;当 t 是奇数时,$\boldsymbol{\xi}(t)\in\mathbb{R}^5$.

$$
\boldsymbol{A}(t)=\begin{cases}\boldsymbol{A}_1=\begin{bmatrix}1 & 0 & -1 & 2 & 1\\ 2 & -2 & 1 & 1 & -1\\ 1 & 2 & -1 & -2 & 0\\ 0 & 1 & 0 & -1 & 2\end{bmatrix}, & t\text{ 为偶数},\\ \boldsymbol{A}_2=\begin{bmatrix}0 & -1 & 2 & 1\\ 2 & 1 & 1 & -1\\ 1 & 2 & -1 & 0\\ 0 & 1 & 0 & -1\\ 1 & -1 & 0 & 1\end{bmatrix}, & t\text{ 为奇数};\end{cases}
$$

$$
\boldsymbol{B}(t)=\begin{cases}\boldsymbol{B}_1=\begin{bmatrix}2 & 1\\ 2 & -1\\ 1 & 2\\ 0 & -1\end{bmatrix}, & t\text{ 为偶数},\\ \boldsymbol{B}_2=\begin{bmatrix}2 & 1\\ 1 & -1\\ 2 & -1\\ 0 & -1\\ 1 & 0\end{bmatrix}, & t\text{ 为奇数};\end{cases}
$$

$$
\boldsymbol{C}(t)=\begin{cases}\boldsymbol{C}_1=\begin{bmatrix}2 & 1 & 2 & -1\\ 0 & 1 & 0 & -2\end{bmatrix}, & t\text{ 为偶数},\\ \boldsymbol{C}_2=\begin{bmatrix}-1 & 2 & 1 & 1 & -1\\ 2 & -1 & -2 & -1 & 2\end{bmatrix}, & t\text{ 为奇数}.\end{cases}
$$

直接计算可得

$$
\boldsymbol{\Pi}_3^4=(\boldsymbol{I}_3\otimes\mathbf{1}_4^{\mathrm{T}})(\boldsymbol{I}_4\otimes\mathbf{1}_3)/3=\begin{bmatrix}1 & 1/3 & 0 & 0\\ 0 & 2/3 & 2/3 & 0\\ 0 & 0 & 1/3 & 1\end{bmatrix},
$$

$$
\boldsymbol{\Pi}_3^5=(\boldsymbol{I}_3\otimes\mathbf{1}_5^{\mathrm{T}})(\boldsymbol{I}_5\otimes\mathbf{1}_3)/3=\begin{bmatrix}1 & 2/3 & 0 & 0 & 0\\ 0 & 1/3 & 1 & 1/3 & 0\\ 0 & 0 & 0 & 2/3 & 1\end{bmatrix}.
$$

于是可得投影系统为

$$
\begin{cases}\boldsymbol{x}(t+1)=\boldsymbol{A}_\pi(t)\boldsymbol{x}(t)+\boldsymbol{B}_\pi(t)\boldsymbol{u},\\ \boldsymbol{y}(t)=\boldsymbol{C}_\pi(t)\boldsymbol{x}(t),\end{cases}\tag{6.2.33}
$$

这里

$$\begin{cases}\boldsymbol{A}(t)=\widetilde{\boldsymbol{A}}_1, \quad \boldsymbol{B}(t)=\widetilde{\boldsymbol{B}}_1, \quad \boldsymbol{C}(t)=\widetilde{\boldsymbol{C}}_1, \quad t\text{ 为偶数},\\ \boldsymbol{A}(t)=\widetilde{\boldsymbol{A}}_2, \quad \boldsymbol{B}(t)=\widetilde{\boldsymbol{B}}_2, \quad \boldsymbol{C}(t)=\widetilde{\boldsymbol{C}}_2, \quad t\text{ 为奇数},\end{cases}$$

其中

$$\widetilde{\boldsymbol{A}}_1=\boldsymbol{\Pi}_3^4\boldsymbol{A}_1(\boldsymbol{\Pi}_3^5)^{\mathrm{T}}(\boldsymbol{\Pi}_3^5(\boldsymbol{\Pi}_3^5)^{\mathrm{T}})^{-1}=\begin{bmatrix}0.9316 & -0.5556 & 1.6239\\ 1.4325 & -0.3111 & -0.7214\\ 1.0923 & -0.6000 & 0.7077\end{bmatrix},$$

$$\widetilde{\boldsymbol{A}}_2=\boldsymbol{\Pi}_3^5\boldsymbol{A}_2(\boldsymbol{\Pi}_3^4)^{T}(\boldsymbol{\Pi}_3^4(\boldsymbol{\Pi}_3^4)^{\mathrm{T}})^{-1}=\begin{bmatrix}0.8333 & 1.3333 & 0.8333\\ 2.0500 & 1.2500 & -1.0500\\ 0.9167 & -0.5833 & 0.4167\end{bmatrix},$$

$$\widetilde{\boldsymbol{B}}_1=\boldsymbol{\Pi}_3^4\boldsymbol{B}_1=\begin{bmatrix}2.6667 & 1.3333\\ 2.0000 & 2.0000\\ 0.3333 & -0.3333\end{bmatrix},$$

$$\widetilde{\boldsymbol{B}}_2=\boldsymbol{\Pi}_3^5\boldsymbol{B}_2=\begin{bmatrix}2.6667 & 0.3333\\ 2.3333 & -1.6667\\ 1.0000 & -0.6667\end{bmatrix},$$

$$\widetilde{\boldsymbol{C}}_1=\boldsymbol{C}_1(\boldsymbol{\Pi}_3^5)^{T}(\boldsymbol{\Pi}_3^5(\boldsymbol{\Pi}_3^5)^{\mathrm{T}})^{-1}=\begin{bmatrix}-0.0359 & 1.7333 & -0.4974\\ 1.3333 & -2.6667 & 1.3333\end{bmatrix},$$

$$\widetilde{\boldsymbol{C}}_2=\boldsymbol{C}_2(\boldsymbol{\Pi}_3^4)^{T}(\boldsymbol{\Pi}_3^4(\boldsymbol{\Pi}_3^4)^{\mathrm{T}})^{-1}=\begin{bmatrix}1.7000 & 2.0000 & -0.7000\\ 0.0500 & 1.2500 & -2.0500\end{bmatrix}.$$

以上系统是定义在泛维欧几里得空间 $\mathcal{V}$ 上的. 接下来我们讨论线性向量场在流形上的情形.

设 $\bar{\boldsymbol{X}}\in\mathcal{X}(\Omega)$ 为一线性向量场且 $\dim(\bar{\boldsymbol{X}})=m$，则存在 $\boldsymbol{A}\in\mathcal{M}_{m\times m}$ 使得 $\boldsymbol{X}:=\bar{\boldsymbol{X}}|_{\mathbb{R}^m}=\boldsymbol{A}\boldsymbol{x}$. 进而考虑 $\bar{\boldsymbol{X}}|_{\mathbb{R}^{km}}$，设 $\boldsymbol{y}\in\mathbb{R}^{km}$，则有

$$\boldsymbol{X}_k:=\bar{\boldsymbol{X}}(\boldsymbol{y})=\boldsymbol{\Pi}_{km}^m(\boldsymbol{X}(\boldsymbol{\Pi}_m^{km}(\boldsymbol{y})))=\boldsymbol{\Pi}_{km}^m\boldsymbol{A}\boldsymbol{\Pi}_m^{km}\boldsymbol{y}:=\boldsymbol{A}_k\boldsymbol{y}, \tag{6.2.34}$$

其中

$$\boldsymbol{A}_k=\boldsymbol{\Pi}_{km}^m\boldsymbol{A}\boldsymbol{\Pi}_m^{km}=\frac{1}{k}(\boldsymbol{I}_m\otimes\boldsymbol{1}_k)\boldsymbol{A}(\boldsymbol{I}_m\otimes\boldsymbol{1}_k^{\mathrm{T}}). \tag{6.2.35}$$

命题 6.2.5 设 $\bar{\boldsymbol{X}}\in\mathcal{X}(\Omega)$ 为一线性向量场且 $\dim(\bar{\boldsymbol{X}})=m$，则存在 $\boldsymbol{A}\in\mathcal{M}_{m\times m}$ 使得 $\boldsymbol{X}:=\bar{\boldsymbol{X}}|_{\mathbb{R}^m}=\boldsymbol{A}\boldsymbol{x}$. 进而设 $\bar{x}^0\in\Omega$，$\dim(\bar{x}^0)=s$，则有下面的结论：

(i) 如果 $s=m$，则 $\bar{X}|_{\mathbb{R}^m}$ 上的积分曲线为

$$\Phi_t^X(x_1^0)=e^{Xt}x_1^0. \tag{6.2.36}$$

于是，$\bar{X}|_{\mathbb{R}^{rm}}$ 上的积分曲线为

$$\Phi_t^{X_r}(x_r^0)=[e^{Xt}x_1^0]\otimes \mathbf{1}_r. \tag{6.2.37}$$

故 $\bar{X}$ 的初值为 $\bar{x}^0$ 的积分曲线为 $\overline{\Phi_t^X(x_1^0)}\subset\Omega$.

(ii) 如果 $s=km$，则 $\bar{X}|_{\mathbb{R}^{km}}$ 上的积分曲线为

$$\Phi_t^{X_k}(x_1^0)=e^{X_kt}x_1^0, \tag{6.2.38}$$

这里，X_k 由式(6.2.34)决定. 故 $\bar{X}$ 的初值为 $\bar{x}^0$ 的积分曲线为 $\overline{\Phi_t^{X_k}(x_1^0)}\subset\Omega$.

(iii) 如果 $\mathrm{lcm}(m,s)=p=km=rs$，则 $\bar{X}|_{\mathbb{R}^p}$ 上的积分曲线为

$$\Phi_t^{X_k}(x_r^0)=e^{X_kt}(x_1^0\otimes I_s). \tag{6.2.39}$$

故 $\bar{X}$ 的初值为 $\bar{x}^0$ 的积分曲线为 $\overline{\Phi_t^{X_k}(x_1^0\otimes I_s)}\subset\Omega$.

命题 6.2.6　设 $\bar{X}\in V^\infty(\Omega)$ 为一线性向量场且 $\dim(\bar{X})=m$，则存在 $A\in\mathcal{M}_{m\times m}$ 使得 $X:=\bar{X}|_{\mathbb{R}^m}=Ax$. 进而设 $\bar{x}^0\in\Omega$，$\dim(\bar{x}^0)=s$，$\mathrm{lcm}(m,s)=p=km=rs$，则 $\bar{X}$ 只定义在其切丛的滤子

$$x_{jr}^0=T_{\bar{x}^0}\cap\mathbb{R}^{jp},\quad j=1,2,\cdots$$

上. 在叶 x_r^0 上，

$$\bar{X}(x_r^0)=A_kx_r^0, \tag{6.2.40}$$

这里，A_k 由式(6.2.34)决定. 在叶 x_{jr}^0 上，

$$\bar{X}(x_r^0)=A_{jk}x_{jr}^0,\quad j=1,2,\cdots, \tag{6.2.41}$$

其中两组容许矩阵为 $A_{jk}=A_k\otimes I_j\sim A_k$ 或 $A_{jk}=A_k\otimes\mathbf{1}_j\approx A_k$. 容许变量为 $x_{jr}^0=x_r^0\otimes\mathbf{1}_j\leftrightarrow x_r^0$.

容易看出，上述讨论可以继续推广到如定义 6.2.12 所述的一般乘积流形中.

6.3　习题与思考题

6.3.1　习　题

(1) 在定义 6.1.1 中，设 $|X|=n<+\infty$，则等价关系 $\sim$ 可看作 $\pi:X\times X\rightarrow$

$\{\mathcal{T},F\}$的一个逻辑函数. 你能否用半张量积的语言将等价关系定义中的三个条件写为 π 的结构矩阵的形式?

(2) 给定集合 $X=\{1,2,3\}$. 设 $\mathcal{T}_0\in 2^X$ 如下:

(i) $\mathcal{T}_0=\{\phi,X,\{1\}\}$;

(ii) $\mathcal{T}_0=\{\phi,X,\{1\},\{2\}\}$;

(iii) $\mathcal{T}_0=\{\phi,X,\{2\},\{3\},\{2,3\}\}$.

问:以上哪个$(X,\mathcal{T}_0)$是拓扑空间,哪个不是?

(3) 请证明连续映射的两种定义的等价性.

(4) 证明:定义 6.1.6 中定义的$\widetilde{\mathcal{T}}$是一个拓扑.

(i) 定义 6.2.3 构造的内积空间是希尔伯特(Hilbert)空间吗? 试说明原因.

(ii) 试证明:$(\mathcal{V},\mathcal{T})$按照定义 6.2.1 中的加法和数乘运算构成一个无穷维拓扑向量空间(即加法和数乘运算对于商拓扑都是连续的).

6.3.2 思考题

(1) 下面这些空间有什么不同?

(i)拓扑空间;(ii)距离空间;(iii)向量空间;(iv)欧氏空间.

(2) 你能分清以下概念吗?

(i)拓扑空间的子空间;(ii)向量空间的子空间;(iii)拓扑空间的商空间.

(3) 泛维流形在经典意义下是一个微分流形吗?

附录 A　矩阵半张量积工具箱

为了方便矩阵半张量积的计算及其在逻辑网络分析与控制中的应用，中国科学院数学与系统科学研究院系统科学研究所齐洪胜研究员基于 MATLAB[①]/Octave[②] 编写了 STP 工具箱[③]. 本附录将给出 STP 工具箱常用函数的使用方法和一些代码示例，具体详见工具箱内的例子.

A.1　矩阵半张量积工具箱下载地址及安装

A.1.1　下载地址

(1) http://lsc.amss.ac.cn/~dcheng/stp/STP.zip.

(2) http://lsc.amss.ac.cn/~hsqi/soft/STP.zip.

A.1.2　安　装

将下载的 STP. zip 文件解压缩到任意文件夹(如 D:\)，然后将工具箱所在目录(如 D:\stp)添加到 MATLAB/Octave 搜索路径中即可使用. 工具箱中的

① http://www.mathworks.com.

② https://octave.org.

③ STP 工具箱基于 MATLAB/Octave 语言开发，目前最新版本为 20240129，增加了保维数矩阵半张量积相关 m 函数. 此外，STP 工具箱也被移植到其他语言中，如 Lua 语言(北京理工大学徐特立学院 2021 届学生杜佳衡、王宇航开发，工具箱地址为 https://gitee.com/imbit/lua_stp 或 https://github.com/lostsword/stp_lua)、Python 语言(西北工业大学博士生史帅凯开发，工具箱地址为 https://github.com/Huanianss/semi-tensor-product).

stp_install,stp_uninstall 函数用来向搜索路径中自动添加或删除 STP 工具箱所在路径.

A.2 矩阵半张量积工具箱常用函数

A.2.1 STP 基本计算函数(见表 A.2.1)

表 A.2.1 STP 基本计算函数

函数	参数	功能描述
$C=sp(\boldsymbol{A}_1,\boldsymbol{A}_2,\cdots,\boldsymbol{A}_n)$① $C=spn(\boldsymbol{A}_1,\boldsymbol{A}_2,\cdots,\boldsymbol{A}_n)$	矩阵 $\boldsymbol{A}_1,\boldsymbol{A}_2,\cdots,\boldsymbol{A}_n$	计算矩阵 $\boldsymbol{A}_1,\boldsymbol{A}_2,\cdots,\boldsymbol{A}_n$ 的半张量积
$C=dksp(\boldsymbol{A}_1,\boldsymbol{A}_2,\cdots,\boldsymbol{A}_n)$	矩阵 $\boldsymbol{A}_1,\boldsymbol{A}_2,\cdots,\boldsymbol{A}_n$	计算矩阵 $\boldsymbol{A}_1,\boldsymbol{A}_2,\cdots,\boldsymbol{A}_n$ 的保维数半张量积
$B=bt(\boldsymbol{A},p,r)$	矩阵 $\boldsymbol{A}$,正整数 p,r	计算矩阵 $\boldsymbol{A}$ 的块转置,每块的大小为 $p\times r$
$W=wij(m,n)$	正整数 m,n	输出大小为 $mn\times mn$ 的换位矩阵
$v=vc(\boldsymbol{A})/v=vr(\boldsymbol{A})$	矩阵 $\boldsymbol{A}=(a_{ij})_{m\times n}$	将矩阵 $\boldsymbol{A}$ 按行/列展开为列向量
$A=invvc(x,m)$	向量 $\boldsymbol{x}$,正整数 m	将向量 $\boldsymbol{x}$ 按列转换为 m 行的矩阵,不足部分用 0 补齐
$A=invvr(x,n)$	向量 $\boldsymbol{x}$,正整数 n	将向量 $\boldsymbol{x}$ 按行转换为 n 列的矩阵,不足部分用 0 补齐
$v=dec2any(a,k,l)$	正整数 $a,k\geqslant 2,l$	将十进制数 a 转换为 k 进制数,返回长度为 l 的向量,如果长度不足 l,前面用 0 补齐
$M=stp(\boldsymbol{A})$	矩阵 $\boldsymbol{A}$	将矩阵 $\boldsymbol{A}$ 转换为 stp 对象

注 在计算两个矩阵或多个矩阵的半张量积时,可以选择使用 m 函数(example01.m)或者 stp 对象两种方式. stp 对象重载了一些基本运算符,具体可参见 example02.m.

① 在最新版工具箱中,sp 函数已可计算任意多个矩阵的半张量积,而不再局限于两个. spn 函数也变为 sp 的别名函数,为了和之前版本兼容继续保留.

A.2.2 逻辑矩阵计算相关的基本函数(见表 A.2.2)

表 A.2.2 逻辑矩阵计算相关的基本函数

函数	参数	功能描述
$M=lm(\boldsymbol{A})$ $M=lm(\boldsymbol{v},n)$	矩阵 $\boldsymbol{A}$ 向量 $\boldsymbol{v}$ 和正整数 n	构造逻辑矩阵的 lm 对象
$C=lsp(\boldsymbol{A}_1,\boldsymbol{A}_2,\cdots,\boldsymbol{A}_n)$ $C=lspn(\boldsymbol{A}_1,\boldsymbol{A}_2,\cdots,\boldsymbol{A}_n)$	逻辑矩阵 $\boldsymbol{A}_1,\boldsymbol{A}_2,\cdots,\boldsymbol{A}_n$	计算 $\boldsymbol{A}_1,\boldsymbol{A}_2,\cdots,\boldsymbol{A}_n$ 的半张量积,返回 lm 对象
$M=leye(n)$	正整数 n	输出单位矩阵的 lm 对象
$M=lmn(k)$	$k\geqslant 2$(缺省为 2)	输出 k 值逻辑否定结构矩阵的 lm 对象
$M=lmc(k)$	$k\geqslant 2$(缺省为 2)	输出 k 值逻辑合取结构矩阵的 lm 对象
$M=lmd(k)$	$k\geqslant 2$(缺省为 2)	输出 k 值逻辑析取结构矩阵的 lm 对象
$M=lmi(k)$	$k\geqslant 2$(缺省为 2)	输出 k 值逻辑蕴涵结构矩阵的 lm 对象
$M=lme(k)$	$k\geqslant 2$(缺省为 2)	输出 k 值逻辑等价结构矩阵的 lm 对象
$M=lmr(k)$	$k\geqslant 2$(缺省为 2)	输出 k 值逻辑哑元矩阵的 lm 对象
$M=lmrand(m,n)$ $M=randlm(m,n)$	正整数 m,n,缺省时 $n=m$	输出随机 $m\times n$ 维逻辑矩阵的 lm 对象
$M=lwij(m,n)$	正整数 m,n,缺省时 $n=m$	输出 $mn\times mn$ 维换位矩阵的 lm 对象
$r=lmparser(expr)$	逻辑表达式 $expr$	输出其对应的矩阵形式
$[lm,vars]=stdform(expr,options,k)$	逻辑表达式的矩阵形式 $expr$,选项 $options$,整数 $k\geqslant 2$(缺省为 2)	计算逻辑表达式规范型对应的结构矩阵,输出 lm 对象
$options=lmset(varargin)$	以 $key,value$ 成对形式输入	设置 $options$ 结构中 key 对应的参数值 $value$
$value=lmget(options,key,default)$	选项 $options$,键 key,缺省值 $default$	获取 $options$ 结构中 key 对应的参数值,如果没有,则返回缺省值 $default$

A.3 相关示例

A.3.1 矩阵半张量积有关的 m 文件

example01.m

```
% This example is to show how to perform semi-tensor product.

x=[1 2 3 -1];
y=[2 1 ]';
r1=sp(x,y)
% r1=[5,3]

x=[2 1];
y=[1 2 3 -1]';
r2=sp(x,y)
% r2=[5;3]

x=[1 2 1 1;
    2 3 1 2;
    3 2 1 0 ];
y=[1 -2;
    2 -1];
r3=sp(x,y)
r4=sp1(x,y)
% r3=r4=[3,4,-3,-5;4,7,-5,-8;5,2,-7,-4]

r5=sp(x,y,y)
% r5=[-3,-6,-3,-3;-6,-9,-3,-6;-9,-6,-3,0]
```

example02.m

```
% This example is to show the usage of stp class.
% Many useful methods are overloaded for stp class, thus you can use stp object as double.

x=[1 2 1 1;
   2 3 1 2;
   3 2 1 0 ];
y=[1 -2;
   2 -1];

% Covert x and y to stp class
a=stp(x);
b=stp(y);

% mtimes method is overloaded by semi-tensor product for stp class.
c0=sp(x,y,y)% or c0=spn(x,y,y)
c=a*b*b, class(c)

% Convert an stp object to double
c1=double(c), class(c1)

% size method for stp class
size(c)

% length method for stp class
length(c)

% subsref method for stp class
c(1,:)

% subsasgn method for stp class
c(1,1)=3
```

A.3.2 逻辑矩阵应用有关的 m 文件

example03.m

```
% This example is to show the usage of lm class.
% Many methods are overloaded for lm class.

% Consider classical (2-valued) logic here
k=2;

T=lm(1,k); % True
F=lm(k,k); % False

% Given a logical matrix, and convert it to lm class
A=[1 0 0 0;
    0 1 1 1]
M=lm(A)
% or we can use
% M=lm ([1 2 2 2], 2)

% Use m-function to perform semi-tensor product for logical matrices
r1=lspn(M,T,F)

% Use overloaded mtimes method for lm class to perform semi-tensor product
r2=M * T * F

% Create an 4-by-4 logical matrix randomly
M1=lmrand(4)
% M1=randlm(4)

% Convert an lm object to double
double(M1)

% size method for lm class
```

```
size(M1)

% diag method for lm class
diag (M1)

% Identity matrix is a special type of logical matrix
I3=leye(3)

% plus method is overloaded by Kronecher product for lm class
r3=M1+I3
% Alternative way to perform Kronecher product of two logical matrices
r4=kron(M1,I3)

% Create an lm object by assignment
M2=lm;
M2.n=2;
M2.v=[1 1 2 2 ];
M2
```

example04.m

```
% This example is to show how to use vector form of logic to solve the following question:
% A said B is a liar, B said C is a liar, and C said A and B are both liars. Who is the liar?

% Set A: A is honest, B: B is honest, C: C is honest

k=2;          % Two-valued logic
MC=lmc(k);  % structure matrix for conjunction
ME=lme(k);  % structure matrix for equivalance
MN=lmn(k);  % structure matrix for negation
MR=lmr(k);  % power-reducing matrix

```

```
% The logical expression can be written as
logic_expr='(A=! B)&(B=! C)&(C=(! A&! B)) ';
% where=is equivalance, & is conjunction, and ! is negation

% convert the logic expresson to its matrix form
matrix_expr=lmparser (logic_expr);

% then obtain its canonical matrix form
expr=stdform(matrix_expr);

% calculate the structure matrix
L=eval(expr)

% The uniqe solution for L * x=[1 0]^T is x=[0 0 0 0 0 1 0 0]^T:=8[6]
% sol = v2s(lm(6,8))
% One can see sol=[0 1 0], which means only B is honest, A and C are liars.

% find the solution
sol=find(L.v==1);
num_sol=length(sol);
if num_sol>0
    fprintf ('There are %d solution(s):\n', num_sol);
    for i=1:num_sol
      disp(v2s (lm(sol(i), size(L,2))));
    end
else
    fprintf('No solution found\n');
end
```

参考文献

[1] 张贤达. 矩阵分析与应用[M]. 北京：清华大学出版社，2004.

[2] 程代展，齐洪胜. 矩阵半张量积讲义　卷一：基本理论与多线性运算[M]. 北京：科学出版社，2020.

[3] CHENG D，LIU Z. A new semi-tensor product of matrices[J]. Control Theory and Technology，2019，17(1)：4-12.

[4] 程代展，纪政平. 矩阵半张量积讲义　卷四：有限与泛维动态系统[M]. 北京:科学出版社，2023.

[5] CHENG D. On equivalence of matrices[J]. Asian Journal of Mathematics，2019，23(2)：257-348.

[6] CHENG D，JI Z. From dimension-free manifolds to dimension-varying control systems[J]. Communications in Information and Systems，2023,23(1)：85-150.

[7] CHENG D，MENG M，ZHANG X，et al. Contracted product of hypermatrices via STP of matrices[J]. Control Theory and Technology，2023，21(3)：265-280.

[8] 程代展，李长喜，郝亚琦，等. 矩阵半张量积讲义　卷三：有限博弈的矩阵方法[M]. 北京：科学出版社，2022.

[9] ROSENTHAL R. A class of games possessing pure-strategy Nash equilibria[J]. International Journal of Game Theory，1973，2：65-67.

[10] MONDERER D，SHAPLEY L. Potential games[J]. Games and Economic Behavior，1996，14：124-143.

[11] CHENG D. On finite potential games[J]. Automatica，2014，50(7)：1793-1801.

[12] HINO Y. An improved algorithm for detecting potential games[J].

International Journal of Game Theory, 2011, 40: 199-205.

[13] LIU X, ZHU J. On potential equations of finite games[J]. Automatica, 2016, 68: 245-253.

[14] CANDOGAN O, MENACHE I, OZDAGLAR A, et al. Flows and decompositions of games: Harmonic and potential games[J]. Mathematics of Operations Research, 2011, 36(3): 474-503.

[15] CHENG D, LIU T, ZHANG K, et al. On decomposition subspaces of finite games [J]. IEEE Transactions on Automatic Control, 2016, 61 (11): 3651-3656.

[16] HEIKKINEN T. A potential game approach to distributed power control and scheduling[J]. Computer Networks, 2006, 50: 2295-2311.

[17] LÄ Q, CHEW Y, SOONG B. Potential game theory: Applications in radio resource allocation[M]. New York: Springer, 2016.

[18] WANG X, XIAO N, WONGPIROMSARN T, et al. Distributed consensus in noncooperative congestion games: An application to road pricing[C]. Proceedings of the 10th IEEE International Conference on Control and Automation, 2013: 1668-1673.

[19] GOPALAKRISHNAN R, MARDEN J, WIERMAN A. An architectural view of game theoretic control[J]. Performance Evaluation Review, 2011, 38(3): 31-36.

[20] HOFBAUER J, SORGER G. A differential game approach to evolutionary equilibrium selection[J]. International Game Theory Review, 2002, 4: 17-31.

[21] KARI J. Automata and formal languages[D]. University of Turku, 2013.

[22] BELTA C, YORDANOV B, GOL E. Formal methods for discrete-time dynamical systems[M]. AG: Springer, 2017.

[23] CASSANDRAS C, LAFORTUNE S. Introduction to discrete event systems[M]. US: Springer, 2008.

[24] RABIN M O. Probabilistic automata[J]. Information and Control, 1963, 6(3): 230-245.

[25] ZHANG Z, CHEN Z, HAN X, et al. On the static output feedback stabilisation of discrete event dynamic systems based upon the approach of semi-tensor product of matrices[J]. International Journal of Systems Science,

2019, 50(8): 1595-1608.

[26] ZHANG Z, CHEN Z, LIU Z. Modeling and reachability of probabilistic finite automata based on semi-tensor product of matrices[J]. Science China: Information Sciences, 2018, 61(12): 129202.

[27] CHENG D. Some applications of semi-tensor product of matrices in algebra[J]. Computers and Mathematics with Applications, 2006, 52: 1045-1066.

[28] GOWERS T. The princeton companion to mathematics[M]. New York: Princeton University Press, 2008.

[29] BURRIS S, SANKAPPANAVAR H. A course in universal algebra[M]. New York: Springer, 1981.

[30] CHENG D. From dimension-free matrix theory to cross-dimensional dynamic systems[M]. UK: Elsevier, 2019.

